Springer-Verlag
Berlin Heidelberg GmbH

Berichte aus dem Institut für Steuerungstechnik der Werkzeugmaschinen und Fertigungseinrichtungen der Universität Stuttgart

Herausgegeben von Prof. Dr.-Ing. G. Stute

ISW 1: D. Schmid, Numerische Bahnsteuerung, 89 S., 1972, DM 24,–

ISW 2: H. Schwegler, Fräsbearbeitung gekrümmter Flächen, 111 S., 1972, DM 24,–

ISW 3: J. Eisinger, Numerisch gesteuerte Mehrachsenfräsmaschinen, 90 S., 1972, DM 24,–

ISW 4: R. Nann, Rechnersteuerung von Fertigungseinrichtungen, 125 S., 1972, DM 36,–

ISW 5: G. Augsten, Zweiachsige Nachformeinrichtungen, 140 S., 1972, DM 36,–

ISW 6: B. Karl, Die Automatisierung der Fertigungsvorbreitung durch NC-Programmierung, 121 S., 1972, DM 30,–

ISW 7: H. Eitel, NC-Programmiersystem, 117 S., 1973, DM 30,–

ISW 8: E. Knorr, Numerische Bahnsteuerung zur Erzeugung von Raumkurven auf rotationssymmetrischen Körpern, 130 S., 1973, DM 36,–

ISW 9: S. Bumiller, Viskohydraulischer Vorschubantrieb, 123 S., 1974, DM 36,–

ISW 10: K. Maier, Grenzregelung an Werkzeugmaschinen, 140 S., 1974, DM 40,–

ISW 11: J. Waelkens, NC-Programmierung, 160 S., 1974, DM 44,–

ISW 12: E. Bauer, Rechnerdirektsteuerung von Fertigungseinrichtungen, 138 S., 1975, DM 40,–

ISW 13: H. König, Entwurf und Strukturtheorie von Steuerungen für Fertigungseinrichtungen 206 S., 1976, DM 58,–

ISW 14: H. Damsohn, Fünfachsiges NC-Fräsen, 143 S., 1976, DM 38,–

ISW 15: H. Jetter, Programmierbare Steuerungen, 141 S., 1976, DM 40,–

ISW 16: H. Henning, Fünfachsiges NC-Fräsen gekrümmter Flächen, 180 S., 1976, DM 48,–

ISW 17: K. Boelke, Analyse und Beurteilung von Lagesteuerungen für numerisch gesteuerte Werkzeugmaschinen, 105 S., 1977, DM 28,–

ISW 18: F.-R. Götz, Regelsystem mit Modellrückkopplung für variable Streckenverstärkung, 113 S., 1977, DM 32,–

ISW 19: H. Tränkle, Auswirkungen der Fehler in den Positionen der Maschinenachsen beim fünfachsigen Fräsen, 103, S., 1977, DM 28,–

In Vorbereitung:

ISW 20: P. Stof, Untersuchungen über die Reduzierung dynamischer Bahnabweichungen bei numerisch gesteuerten Werkzeugmaschinen, 120 S., 1977

ISW 21: R. Wilhelm, Planung und Auslegung des Materialflusses flexibler Fertigungssysteme, 142 S., 1977

ISW 22: N. Kappen, Entwicklung und Einsatz einer direkten digitalen Grenzregelung für eine Fräsmaschine mit CNC, 112 S., 1977

ISW 19

Berichte aus dem Institut für Steuerungstechnik
der Werkzeugmaschinen und Fertigungseinrichtungen
der Universität Stuttgart

Herausgegeben von Prof. Dr.-Ing. G. Stute

H. Tränkle

Auswirkungen der Fehler in den Positionen der Maschinenachsen beim fünfachsigen Fräsen

Springer-Verlag
Berlin Heidelberg GmbH 1977

D 93

Mit 56 Abbildungen

ISBN 978-3-540-08411-2   ISBN 978-3-662-11214-4 (eBook)
DOI 10.1007/978-3-662-11214-4

2060/3020-543210

Vorwort des Herausgebers

Das Institut für Steuerungstechnik der Werkzeugmaschinen und Fertigungseinrichtungen der Universität Stuttgart befaßt sich mit den neuen Entwicklungen der Werkzeugmaschine und anderen Fertigungseinrichtungen, die insbesondere durch den erhöhten Anteil der Steuerungstechnik an den Gesamtanlagen gekennzeichnet sind. Dabei stehen die numerisch gesteuerte Werkzeugmaschine in Programmierung, Steuerung, Konstruktion und Arbeitseinsatz sowie die vermehrte Verwendung des Digitalrechners in Konstruktion und Fertigung im Vordergrund des Interesses.

Im Rahmen dieser Buchreihe sollen in zwangloser Folge drei bis fünf Berichte pro Jahr erscheinen, in welchen über einzelne Forschungsarbeiten berichtet wird. Vorzugsweise kommen hierbei Forschungsergebnisse, Dissertationen, Vorlesungsmanuskripte und Seminarausarbeitungen zur Veröffentlichung.

Diese Berichte sollen dem in der Praxis stehenden Ingenieur zur Weiterbildung dienen und helfen, Aufgaben auf diesem Gebiet der Steuerungstechnik zu lösen. Der Studierende kann mit diesen Berichten sein Wissen vertiefen.

Unter dem Gesichtspunkt einer schnellen und kostengünstigen Drucklegung wird auf besondere Ausstattung verzichtet und die Buchreihe im Fotodruck hergestellt.

Der Herausgeber dankt dem Springer-Verlag für Hinweise zur äußeren Gestaltung und Übernahme des Buchvertriebs.

Stuttgart, im Februar 1972

Gottfried Stute

0.1 Schrifttum

[1] Storr, A.
Damsohn, H.
Henning, H.
    Möglichkeiten des fünfachsigen Fräsens.
Ind.-Anz. 96 (1974) 15, S.353...356.

[2] Stute, G.
Esch, H.
    Untersuchungen an mehrachsig gesteuerten
Maschinen. Berichte zum VDW-Forschungs-
vorhaben 1002 (1974).

[3] VDI 3255
    Programmierung numerisch gesteuerter
Werkzeugmaschinen; Festlegung der Koordinatenachsen und Zuordnung der Bewegungs-
richtungen. 1968.

[4] Damsohn, H.
    Fünfachsiges NC-Fräsen, ein Beitrag zur
Technologie, Teileprogrammierung und Post-
prozessorverarbeitung. Diss., Universität
Stuttgart, 1976.

[5] DIN 1319
    Grundbegriffe der Meßtechnik. Blatt 1 (1971),
Blatt 2 (1968), Blatt 3 (1972).

[6] VDI 3254
    Numerisch gesteuerte Werkzeugmaschinen,
Genauigkeitsangaben, Begriffe und statische
Kenngrößen. Blatt 1 (1971).

[7] Esch, H.
    Der geometrische Aufbau von Fünfachsen-Ma-
schinen. Essen: Girardet-Verlag: HGF-Kurzberichte (Lose-Blatt-Sammlung), Blatt 72/42
(1972).

[8] Schultschick, R.   Fehlerfeldbetrachtung an einer Drehmaschine.
Bern: Fertigung, 1973 (4), S. 107...113.

[9] Schultschick, R.   Geometrische Fehler in Werkzeugmaschinen-
strukturen. Annals of the CIRP, Vol. 24/1
(1975), S. 361...366.

[10] Enß, P.   Bearbeitungsfehler bei spanenden Werkzeug-
maschinen. Fertigungstechnische Berichte
Band 5. Gräfeling: Technischer Verlag Resch
KG, 1975.

[11] Henning, H.   Fünfachsiges NC-Fräsen gekrümmter Flächen,
ein Beitrag zur numerischen Flächendarstel-
lung, Programmierung und Fertigung. Diss.,
Universität Stuttgart, 1976.

[12] Hucks, H.   Evolution an Großwerkzeugmaschinen und Be-
     Krauß, W.   arbeitungsverfahren. Werkstatt und Betrieb
100 (1967) 3, S.170...176.

[13] Sieber, A.   STARR-Kopierfräsmaschinen ST-110 spezial
für Titanium-Impeller. Ausschnitt aus
"Starräägler" Nr. 3/4 (1973), Hauszeitschrift
der Starrfräsmaschinen AG.

[14] Boyd, K. B.   Five-Axis Machining. Machine Design, May 16
(1974), S.134...138.

[15] N. N.   For NC - a management philosophy that works.
Manufacturing, Engineering and Management,
Jan. (1970), S.57...60.

[16] Tränkle, H.
Realisierte Fünfachsen-NC-Fräsmaschinen,
Programmierung und gesteuerte Achsen.
und-oder-nor+Steuerungstechnik, 5 (1977),
S. 53 und 6 (1977), S. 38...39.

[17] DeGroat, G.
Faster welds for the Saturn. American Machinist, Feb. 10 (1969), S. 106...109.

[18] Hardesty, E. E.
Automating the tape winding of compound shapes.
Modern Plastics, McGraw Hill Inc., Sept (1973).

[19] Knorr, E.
Numerische Bahnsteuerung zur Erzeugung von
Raumkurven auf rotationssymmetrischen Körpern. Diss., Universität Stuttgart, 1973.

[20] N. N.
NC an schweren Werkzeugmaschinen. Froriep-Report, Bericht 25, S. 16, Firmenzeitschrift
der Fa. Froriep, Rheydt.

[21] VDI/VDE 2601
Anforderungen an die Oberflächengestalt zur
Sicherung der Funktionstauglichkeit spanend
hergestellter Flächen. Entwurf Nov. 1973.

[22] Herold, H.
Maßberg, W.
Stute, G.
Die numerische Steuerung in der Fertigungstechnik. Düsseldorf: VDI-Verlag, 1971.

[23] Eisinger, J.
Fräserbahnabweichung aufgrund der Kinematik
und Interpolation an numerisch gesteuerten
Mehrachsen-Maschinen. Diss., Universität
Stuttgart, 1972.

[24] VDI 3429

Numerisch gesteuerte Arbeitsmaschinen -
Verkürzung der Inbetriebnahme von numerisch
gesteuerten Werkzeugmaschinen. Entwurf
Mai 1976.

[25] Stute, G.

Die Lageregelung an Werkzeugmaschinen.
Stuttgart: ISW-Selbstverlag, 1975.

[26] N. N.

APT IV Reference Manual, Version 1, Publi-
cation No. 1731600, Control Data Corporation,
USA, 1973.

[27] Tränkle, H.

Bahnabweichungen bei Fünfachsen-Maschinen
aufgrund dynamischer Eigenschaften der Lageregelkreise. Essen: Girardet-Verlag: HGF-
Kurzberichte (Lose-Blatt-Sammlung) Blatt
74/66, 1974.

[28] Stute, G.
Stof, P.

Beeinflussung der Konturgenauigkeit von numerisch bahngesteuerten Werkzeugmaschinen
durch das dynamische Verhalten der Führungs-
größenerzeugung. Berichte zum VDW-For-
schungsvorhaben 1006 (1976).

[29] Tränkle, H.

Abweichungen am Werkstück resultierend aus
der Bearbeitung auf Fünfachsen-Maschinen,
Auswirkungen der Positionsunsicherheit.
Essen: Girardet-Verlag: HGF-Kurzberichte
(Lose-Blatt-Sammlung) Blatt 76/16, 1976.

[30] Sielaff, W.
Tränkle, H.

Erreichbare Genauigkeiten auf Fünfachsen-
Maschinen; Berechnungsmöglichkeiten. Essen:

Girardet-Verlag: HGF-Kurzberichte (Lose-Blatt-Sammlung) Blatt 77/3, 1977.

[31] Bumiller, S.
Esch, H.
Petera, Th.

Gesichtspunkte zur Auslegung der NC-Fünf-achsen-Fräsmaschine am Institut für Steuerungs-technik der Werkzeugmaschinen und Fertigungs-einrichtungen der Universität Stuttgart. VDI-Berichte Nr. 166 (1971), S. 115...119.

[32] Osofisan, Ph. B.

Numerische Approximationsverfahren für die Transformation in einer CNC- (computerized numerical control) Steuerung. Essen: Girardet-Verlag: HGF-Kurzberichte (Lose-Blatt-Sammlung) Blatt 75/68, 1975.

[33] Bronstein, I. N.
Semendjajew, K.

Taschenbuch der Mathematik. Zürich und Frankfurt: Verlag Harri Deutsch, 1973.

[34] Schröder, K. H.

Ursachen der Fertigungsungenauigkeiten und deren Auswirkungen beim Schaftfräsen. Diss., TH Aachen, 1974.

0.2 Formelzeichen

0.2.1 Skalare Größen

A	Grad	Position der A- (A'-) Achse
ΔA	rad	Fehler in der Position der A- (A'-) Achse
A_d	mm	Schwingungsamplitude für den Durchmesser der Rotationsfläche (geometrischer Ort)
A_e	mm	Eckenabweichung
A_h	mm	Schwingungsamplitude für die Höhe der Rotationsfläche (geometrischer Ort)
A_k	mm	Schwingungsamplitude bei den Komponenten von $\overrightarrow{\Delta P}_R$
B	Grad	Position der B- (B'-) Achse
ΔB	rad	Fehler in der Position der B- (B'-) Achse
C	Grad	Position der C- (C'-) Achse
ΔC	rad	Fehler in der Position der C- (C'-) Achse
D	-	Dämpfung, Lageregelkreisparameter
D_A	-	Dämpfung des Antriebs
d_{Fr}	mm	Werkzeugdurchmesser
D_{mech}	-	Dämpfung des mechanischen (z. B. Spindel-Schlitten) Systems
d_R	mm	Durchmesser der Rotationsfläche (geometrischer Ort)
ΔF	μm	maximale Abweichung am Werkstück
f_{0A}	Hz	Kennfrequenz des Antriebs
f_{0mech}	Hz	Kennfrequenz des mechanischen (z. B. Spindel-Schlitten) Systems.
h_R	mm	Höhe der Rotationsfläche (geometrischer Ort)
i	-	Komponente des Einheitsvektors in X-Richtung
Δi	-	Abweichung in der Komponente des Einheitsvektors in X-Richtung

j	-	Komponente des Einheitsvektors in Y-Richtung
Δj	-	Abweichung in der Komponente des Einheitsvektors in Y-Richtung
J_{ges}	kgm^2	Massenträgheitsmoment auf der Antriebsmotor-welle
k	-	Komponente des Einheitsvektors in Z-Richtung
Δk	-	Abweichung in der Komponente des Einheitsvektors in Z-Richtung
K_d	mm	konstanter Anteil am Durchmesser der Rotations-fläche (geometrischer Ort)
K1, K2 K3	mm	Komponenten des Ortsvektors der T-Achsen, allgemein
K_v	s^{-1}	Geschwindigkeitsverstärkung, Lageregelkreis-parameter
m	-	Maßstabsfaktor
ΔP_{Fr}	μm	Abweichung durch Winkelabweichung und Werk-zeugdurchmesser
ΔR	rad	Fehler in den Positionen der rotatorischen Maschi-nenachsen, max(ΔA, ΔC)
Δs	mm	Schleppabstand
ΔT	μm	Fehler in den Positionen der translatorischen Ma-schinenachsen, max(ΔX, ΔY, ΔZ)
t	s	Zeit
u	$mm \cdot min^{-1}$	Achsgeschwindigkeit (Führungsgeschw.), Achse siehe Index
VZ	-	Variable für das Vorzeichen in den inversen Transformationsgleichungen
ΔW	rad	Fehler in den Positionen der rotatorischen Ma-schinenachsen, allgemein, max ($\Delta W1$, $\Delta W2$)
W1	Grad	Position der W1-Achse
$\Delta W1$	rad	Fehler in der Position der W1-Achse
W2	Grad	Position der W2-Achse

$\Delta W2$	rad	Fehler in der Position der W2-Achse
Wzl	mm	Werkzeugeinstellänge
X	-	Koordinatenrichtung, System siehe Index
	mm	Position der X- (X' -) Achse
X^*	mm	Positionszuwachs in der X-Achse zur Berechnung der dynamischen Abweichung
ΔX	μm	Fehler in der Position der X-(X' -) Achse
X1...X6	mm	Komponente der Verschiebe- und Verkröpfungsvektoren in X-Richtung
Y	-	Koordinatenrichtung, System siehe Index
	mm	Position der Y- (Y' -) Achse
ΔY	μm	Fehler in der Position der Y- (Y' -) Achse
Y1...Y6	mm	Komponente der Verschiebe- und Verkröpfungsvektoren in Y-Richtung
Z	-	Koordinatenrichtung, System siehe Index
	mm	Position der Z- (Z' -) Achse
ΔZ	μm	Fehler in der Position der Z- (Z' -) Achse
Z1...Z6	mm	Komponente der Verschiebe- und Verkröpfungsvektoren in Z-Richtung
$\alpha, \beta, \gamma, \delta$	mm	Bauformkoeffizienten (siehe Kapitel 5.4.2)
φ_d	Grad	Phasenverschiebung für den Durchmesser der Rotationsfläche (geometrischer Ort)
φ_{dyn}	Grad	Winkelabweichung von der Werkzeugachse durch das dynamische Verhalten der Lageregelkreise
φ_h	Grad	Phasenverschiebung für die Höhe der Rotationsfläche (geometrischer Ort)
$\varphi_{k1}, \varphi_{k2}$	Grad	Phasenverschiebung bei den Komponenten von $\overrightarrow{\Delta P}_R$
ψ	Grad	Winkelabweichung als Skalar
ω_o	s^{-1}	Kennkreisfrequenz, Lageregelkreisparameter

0.2.2 Matrizen und Vektoren

$\vec{E}$	Einheitsvektor für die Richtung der Werkzeugachse
$\vec{\Delta E}$	Abweichung von der Richtung der Werkzeugachse
$\vec{\Delta E}\,^*$	Basiswinkelabweichung von $\vec{\Delta E}$
$\vec{F}$	Funktionsmatrix
$\vec{F}_E$	Funktionsmatrix zur Berechnung von $\vec{\Delta E}$
$\vec{F}_P$	Funktionsmatrix zur Berechnung von $\vec{\Delta P}$
$\vec{F}_{PR}$	Funktionsmatrix, Anteil durch die Fehler in den Positionen der R-Achsen
$\vec{F}_{PT}$	Funktionsmatrix, Anteil durch die Fehler in den Positionen der T-Achsen
$\vec{M}$	Ortsvektor der T-Achsen im M-System
$\vec{M}\,^*$	mit dem Maßstabsfaktor m veränderter Ortsvektor $\vec{M}$
$\vec{\Delta M}$	Fehler in den Positionen der Maschinenachsen
$\vec{\Delta M}_R$	Fehler in den Positionen der R-Achsen
$\vec{\Delta M}_T$	Fehler in den Positionen der T-Achsen
$\vec{P}$	Ortsvektor zur Werkzeugspitze im P-System
$\vec{P}\,^*$	mit dem Maßstabsfaktor m veränderter Ortsvektor $\vec{P}$
$\vec{\Delta P}$	Positionsabweichung der Werkzeugspitze
$\vec{\Delta P}_{dyn}$	Positionsabweichung der Werkzeugspitze durch das dynamische Verhalten der Lageregelkreise
$\vec{\Delta P}_R$	Anteil an $\vec{\Delta P}$ durch die Fehler in den Positionen der R-Achsen
$\vec{\Delta P}_R\,^*$	Basispositionsabweichung von $\vec{\Delta P}_R$
$\vec{\Delta P}_T$	Anteil an $\vec{\Delta P}$ durch die Fehler in den Positionen der T-Achsen
$\vec{\Delta P}_T\,^*$	Basispositionsabweichung von $\vec{\Delta P}_T$
$\vec{R}$	Rotationsmatrix
$\vec{RA}$	Transformationsmatrix, die Position der A-Achse

	berücksichtigend
$\overrightarrow{RC}$	Transformationsmatrix, die Position der C-Achse berücksichtigend
$\overrightarrow{R}_{PW}$	Transformationsmatrix, die Drehung(en) zw. W- und P-System berücksichtigend
$\overrightarrow{R}_{PW}^{\,-1}$	inverse Matrix von $\overrightarrow{R}_{PW}$
$\overrightarrow{R1}$	Transformationsmatrix, die Position der W1-Achse berücksichtigend
$\overrightarrow{R1}^{\,-1}$	inverse Matrix von $\overrightarrow{R1}$
$\overrightarrow{R2}$	Transformationsmatrix, die Position der W2-Achse berücksichtigend
$\overrightarrow{R2}^{\,-1}$	inverse Matrix von $\overrightarrow{R2}$
$\overrightarrow{T}$	Werkzeuglängenvektor
$\overrightarrow{V1}\ldots\overrightarrow{V6}$	Verschiebe- und Verkröpfungsvektoren (siehe Kapitel 5.2)
$\overrightarrow{0}$	Nullvektor (Anfangs- und Endpunkt fallen zusammen, sein Betrag ist gleich Null)

0.2.3 Mehrfach benutzte Indizes

i	Istwert
M	Wert im M-System
max	Maximalwert
min	Minimalwert
P	Wert im P-System
s	Sollwert
W	Wert im W-System

0.3 Bezeichnung von Maschinenachsen und Koordinatensystemen

0.3.1 Maschinenachsen

A, (A')
B, (B')
C, (C')

rotatorische Maschinenachsen, das Werkzeug (Werkstück) tragend [3]

R, (R')

rotatorische Maschinenachse, allgemein, das Werkzeug (Werkstück) tragend

T, (T')

translatorische Maschinenachse, allgemein, das Werkzeug (Werkstück) tragend

W1

1. rotatorische Maschinenachse, dem Werkzeug über das Fundament am nächsten

W2

2. rotatorische Maschinenachse, dem Werkstück über das Fundament am nächsten

X, (X')
Y, (Y')
Z, (Z')

translatorische Maschinenachsen, das Werkzeug (Werkstück) tragend [3]

0.3.2 Koordinatensysteme

M-System

Maschinenkoordinaten-System

P-System

Programmierkoordinaten-System einer Werkzeugmaschine

W-System

Werkstückkoordinaten-System

0.4 Abkürzungen, Programmiersprachworte und Kurzdefinitionen

Achsgeschwin- digkeit	Führungsgeschwindigkeit $\lceil$ 28 $\rfloor$ einer transla- torischen oder rotatorischen Maschinenachse
APT	(automatically programmed tools), problemorien- tierte Programmiersprache für numerisch ge- steuerte Werkzeugmaschinen
Bf	Bauform von Fünfachsen-Maschinen mit 3 T- und 2 R-Achsen
CLDATA	(cutter location data), Ausgabedatei eines NC- Prozessors, DIN 66215
CNC	(computerized numerical control), numerische Steuerung mit frei programmierbarem Prozeß- rechner
DVA	elektronische Datenverarbeitungsanlage
dynamische Abweichung	Abweichung aufgrund des dynamischen Verhaltens der Lageregelkreise
ISW	Institut für Steuerungstechnik der Werkzeugmaschi- nen und Fertigungseinrichtungen der Universität Stuttgart
NC	(numerical control), numerische Steuerung; (numerically controlled), numerisch gesteuert
OLD	"alter" Bahnstützpunkt

Postprozessor   Nachverarbeitungsprogramm, Anpassung der
                       weitgehend allgemeingültigen Ergebnisse des Ver-
                       arbeitungsprogramms (Prozessor) an eine be-
                       stimmte Werkzeugmaschine mit Steuerung

PRS   "neuer" Bahnstützpunkt

TRACUT   Sprachwort, Transformieren von Fräserpositionen

TRANSL   Sprachwort, translatorische Verschiebung

Werkzeugachs-   "Vektor in der Rotationsachse des Werkzeugs, von
richtung   der Werkzeugspitze zum Antrieb hin gerichtet",
                       nach [4]

Werkzeugspitze   "Spurpunkt der Werkzeugachse auf der konvexen
                       Hüllfläche des rotierenden Werkzeugs", nach [4]

Wstk   Werkstück

Wz   Werkzeug

Wzl   Werkzeugeinstellänge

Wzm   Werkzeugmaschine

ZXROT   Sprachwort, Rotation um die Y-Achse in der
                       ZX-Ebene von Z nach X

1 Einleitung

Für Fertigungsaufgaben aus der Luft- und Raumfahrt, aber auch für
Werkstücke aus dem Automobil-, Schiffs- und Turbinenbau wurde mit
dem fünfachsigen Fräsen ein geeignetes Fräsverfahren zur Verfügung
gestellt. Es gestattet, die Werkzeugachsrichtung und die Lage der Werkzeugspitze relativ zum Werkstück kontinuierlich und simultan zu steuern
[1]. Dieses Fräsverfahren bedingt u. a. den Einsatz einer Fünfachsen-
Fräsmaschine, die neben translatorischen Maschinenachsen (T-Achsen)
auch über rotatorische Maschinenachsen (R-Achsen) verfügt. Bild 1/1
zeigt eine solche Maschine mit 3 T- (X', Y, Z) und 2 R-Achsen (B, C')
in ihrem schematischen Aufbau [2] (Achsbezeichnung - auch im folgenden - nach [3]). Obwohl sich die vorliegende Arbeit an Fünfachsen-
Fräsmaschinen orientiert, besitzt die Untersuchung auch Gültigkeit für
Fünfachsen-Werkzeugmaschinen allgemein, es wird im folgenden ver-
einfachend von Fünfachsen-Maschinen gesprochen.

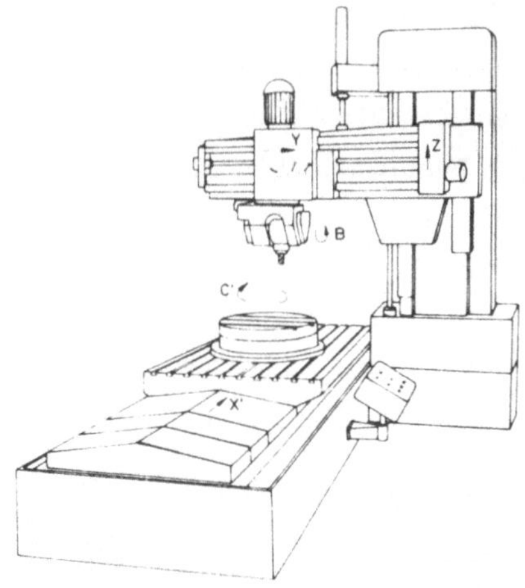

Bild 1/1: Fünfachsen-Fräsmaschine mit 3 T- und 2 R-Achsen am Institut für Steuerungstechnik der Werkzeugmaschinen und Fertigungseinrichtungen (ISW) der Universität Stuttgart [23]

Sofern Fertigungsalternativen vorhanden sind, entscheidet außer der Fertigungszeit und den Fertigungskosten insbesondere der auftretende Bearbeitungsfehler am Werkstück über den wirtschaftlichen Einsatz einer Fünfachsen-Maschine $\lceil$ 4 $\rfloor$. Dieser Bearbeitungsfehler wird durch unterschiedliche Faktoren bestimmt. Ein maßgeblicher Anteil des Bearbeitungsfehlers des Werkstücks resultiert aus dem Fehler in den Positionen der Maschinenachsen innerhalb deren Verfahrbereich [1]. Zusammen mit geometrischen Kenngrößen einer Fünfachsen-Maschine ergibt sich daraus ein systematischer Fehler in Richtung und Position des Werkzeugs, der als Abweichung $\lceil$ 6 $\rfloor$ des Werkzeugs betrachtet werden kann. Dies führt u. a. zu Gestaltabweichungen am Werkstück.

Fünfachsen-Maschinen werden zweckmäßigerweise in Bauformen eingeteilt, welche durch die Zuordnung der rotatorischen Maschinenachsen zum Werkzeug und zum Werkstück gekennzeichnet sind $\lceil$ 7 $\rfloor$. Je nach Bauform und maßlicher Zuordnung der Maschinenachsen zueinander (beschrieben durch Verschiebe- und Verkröpfungsvektoren) wirkt sich der Fehler in der Position der Maschinenachsen unterschiedlich aus, ohne daß darüber nähere Einzelheiten bekannt geworden sind. Der zunehmende Einsatz von Fünfachsen-Maschinen - auch in Deutschland - zwingt, die diesen Maschinen bzw. Bauformen eigenen Abweichungen in ihrer Auswirkung und Größenordnung umfassend zu untersuchen.

Über die Vektorrechnung ist die Grundlage einer übersichtlichen und einfachen Berechnung der Abweichung gegeben. Ansätze dazu finden sich in $\lceil$ 8 $\rfloor$ für ebene Probleme am Beispiel einer Drehmaschine. Für Drei-

---

[1] Unter dem Begriff "Fehler in der Position der Maschinenachsen" sei hier die Differenz von Ist- und Sollwert in der Position der Maschinenachsen verstanden $\lceil$ 5 $\rfloor$, wobei der Grund für eine solche Differenz in diesem Zusammenhang unwesentlich ist.

achsen-Maschinen (Bohr- und Fräsmaschinen) wird in $\lceil 9 \rfloor$ die Beschreibung des gesamten Fehlersystems als Summe von räumlichen Fehlerfeldern vorgestellt. Im Zusammenhang mit einer Mehrstationen-Maschine wird in $\lceil 10 \rfloor$ aus Einzelfehlern ein Gesamtfehler gebildet, wobei auch Indexierfehler eines Teilapparates und Fehler in der Lage der Bearbeitungsstationen zueinander berücksichtigt werden.

Da die angeführten Lösungsbeispiele auf einfache, ganz spezielle Probleme beschränkt sind, lassen sie sich nicht auf die Vielzahl der möglichen Bauformen von Fünfachsen-Maschinen übertragen. Dies erfordert zunächst die Entwicklung eines Verfahrens, das unabhängig vom Entstehen eines Fehlers in der Position der Maschinenachsen gestattet, die Abweichung des Werkzeugs bei unterschiedlichen Fünfachsen-Maschinen zu bestimmen, darzustellen und zu bewerten.

Jede Bauform von Fünfachsen-Maschine beinhaltet Vor- und Nachteile. Daraus resultiert die Notwendigkeit eines Vergleichs verschiedener Bauformen von Fünfachsen-Maschinen bezüglich Bearbeitungsgüte und technischer Möglichkeiten.

Ziel der vorliegenden Arbeit ist es deshalb, bei Fünfachsen-Maschinen die Zusammenhänge zwischen Fehler in der Position der Maschinenachsen und der daraus resultierenden Abweichung in Richtung und Position des Werkzeugs aufzuzeigen. Insbesondere soll versucht werden, die Auswirkung der die Abweichung des Werkzeugs entscheidend mitbestimmenden geometrischen Maschinenkenngrößen zu erkennen und zu diskutieren, um daraus Hinweise für Dimensionierung und Einsatz von Fünfachsen-Maschinen geben zu können.

2 Fünfachsiges Fräsen und Fünfachsen-Fräsmaschinen

2.1 Fünfachsiges Fräsen

Auf die Vorteile und Möglichkeiten des fünfachsigen Fräsens wird in [1] eingehend hingewiesen. Folgende Stichworte fassen die wesentlichen Punkte zusammen:

- gute geometrische Anpassung des Werkzeugs an die Werkstückfläche,
- technologisch günstige Führung des Werkzeugs entlang seiner Fräsbahn und
- geringe Anzahl an Vorrichtungen.

Das fünfachsige, numerisch gesteuerte (NC-) Fräsen wird erst möglich durch eine NC-Fünfachsen-Fertigungseinheit (Bild 2/1), welche aus einer
- Software-Komponente und einer
- Hardware-Komponente
besteht.

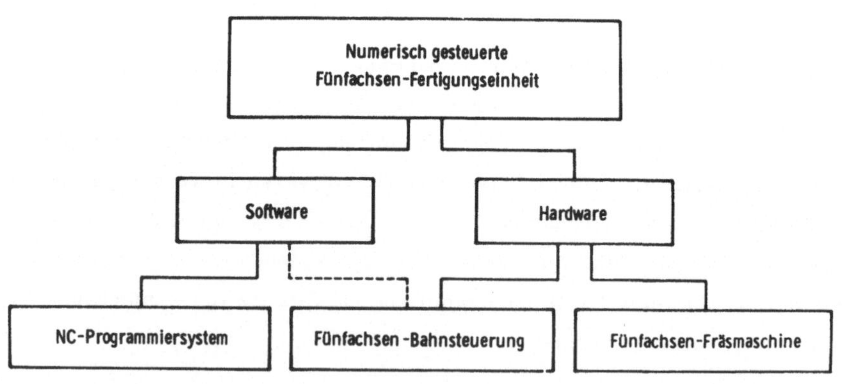

<u>Bild 2/1:</u> Komponenten einer numerisch gesteuerten Fünfachsen-Fertigungseinheit

Die Software-Komponente erstreckt sich in erster Linie auf den Bereich
der Steuerdatenerstellung (NC-Programmierung). Fast ausschließlich
erfolgt dies rechnerunterstützt mittels Programmiersystemen und meist
weiterer Rechnerprogramme [4 , 11].

Die Hardware-Komponente läßt sich unterteilen in die Fünfachsen-Bahnsteuerung und in die Fünfachsen-Maschine. In zunehmendem Maße wird
die Fünfachsen-Bahnsteuerung als CNC (computerized numerical control)
ausgeführt; sie muß deshalb auch als ein Bestandteil der Software-Komponente betrachtet werden.

Damit fünfachsiges Fräsen möglich ist, hat jede der in Bild 2/1 aufgeführten Komponenten einer bestimmten Mindestforderung zu genügen.
Die Fünfachsen-Maschine muß von ihrem geometrischen Aufbau und ihrem
konstruktiven Konzept her in der Lage sein, die Werkzeugspitze in einem
beliebigen Punkt innerhalb des Verfahrbereichs der Fünfachsen-Maschine
positionieren (Punkterzeugung) und darüberhinaus der Werkzeugachse
eine definierte Richtung (Vektorerzeugung) geben zu können. Die Forderung nach einem simultanen Verfahren der fünf Maschinenachsen für die
Punkt- und Vektorerzeugung ist primär eine Forderung an die numerische
Steuerung. Rechnerprogramme (NC-Programmiersystem mit Postprozessor) haben hauptsächlich die erforderlichen Steuerdaten zu generieren.

Es sind überwiegend Fünfachsen-Fertigungseinheiten mit numerischer
Bahnsteuerung im Einsatz. Allerdings sind auch Fünfachsen-Fertigungseinheiten mit Nachformsteuerung bekanntgeworden [12 , 13]. An die
Komponenten solcher Fertigungseinheiten stellen sich dabei Forderungen,
welche analog zu denen der Fertigungseinheit mit numerischer Bahnsteuerung sind. Anstelle des digitalen Speichers liegen die Steuerdaten
analog meist in Form mehrerer Modelle vor.

Heute wird der Begriff "fünfachsiges Fräsen" fast ausschließlich im Zusammenhang mit der Fertigung eines Werkstücks mit komplexer Geometrie gesehen. Flexibilität, Genauigkeit, Fertigungszeit u. a. bewirken, daß auch weniger komplizierte Werkstücke auf Fünfachsen-Maschinen vorteilhaft hergestellt werden [14 , 15].

2.2 Fünfachsen-Fräsmaschinen

Die von einer Fünfachsen-Fräsmaschine geforderte Punkt- und Vektorerzeugung kann auf verschiedenen Wegen realisiert werden [2]. Die Maschinen lassen sich formal in Gruppen gliedern, die sich in der Anzahl der T- und R-Achsen unterscheiden.

- a)   3 T-Achsen und 2 R-Achsen
- b)   2 T-Achsen und 3 R-Achsen
- c)   1 T-Achse   und 4 R-Achsen
- d)   5 R-Achsen

Die realisierten Fünfachsen-Fräsmaschinen [16] sind fast ausschließlich in der Gruppe a) zu finden, außerdem sind Schweißanlagen [17] und Anlagen zum Beschichten von Hubschrauber-Rotorblättern [18] bekanntgeworden, die zu dieser Gruppe zählen. Weniger verbreitet ist die Gruppe b), welche fast nur bei Sonderfällen zum Einsatz kommt. Anwendungsgebiete dieser Gruppe sind z. B. das Herstellen von Drallnuten auf rotationssymmetrischen Körpern [19] oder das Fräsen von Schiffspropellern [20]. Fünfachsen-Maschinen mit einem Aufbau nach Gruppe c) oder d) werden im Werkzeugmaschinenbau wegen des großen technischen Aufwandes bezüglich Führungen, Zu- und Abführung von Energie und Übertragung von Meßdaten wohl kaum zum Einsatz kommen. Dagegen sind sie, mit einer sechsten und mehr Achsen versehen, auf dem Gebiet der Handhabungsgeräte (Industrie-Roboter) oft angewandte Realisierungsmöglichkeiten.

Innerhalb einer jeden Gruppe läßt sich weiter differenzieren. Die geforderten fünf Maschinenachsen können als die beiden Grenzfälle - fünf Ma-

schinenachsen am Werkzeug und fünf Maschinenachsen am Werkstück -
sowie als die vier Varianten zwischen den Grenzfällen realisiert werden,
wodurch sich die bereits erwähnten Bauformen definieren lassen.

3 Abweichungen am Werkstück beim fünfachsigen Fräsen

Die Arbeitsgenauigkeit einer NC-Werkzeugmaschine ist gekennzeichnet durch die ständige Übereinstimmung der tatsächlichen relativen Lage zwischen Werkzeug und Werkstück mit der programmierten Lage.

Beim fünfachsigen Fräsen treten aufgrund vielfältiger Ursachen Abweichungen am Werkstück auf, die sich den verschiedenen Komponenten einer NC-Fertigungseinheit zuordnen lassen (Bild 3/1, I).

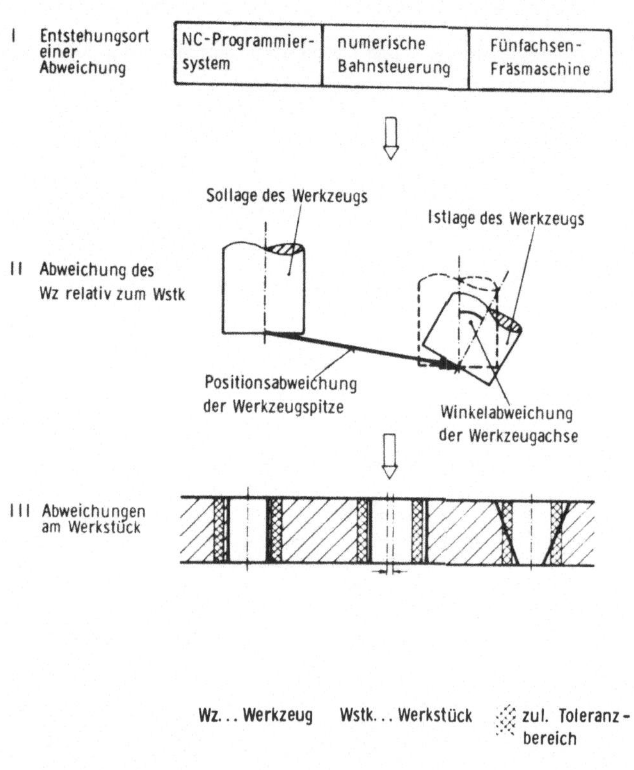

<u>Bild 3/1:</u> Entstehungsorte von Werkstückabweichungen beim fünfachsigen Fräsen

Die Abweichung des Werkzeugs relativ zum Werkstück (Bild 3/1, II) ergibt am Werkstück Gestaltabweichungen, welche entsprechend der Richt-
linie $\lceil$ 21 $\rfloor$ in Grob- und Feingestaltabweichungen (Bild 3/2) eingeteilt
werden können. In diesem Zusammenhang sind besonders die Abweichungen der Grobgestalt (Maß-, Lage- und Formabweichungen) interessant.
Bild 3/1, III erläutert die Begriffe am Beispiel einer Bohrung.

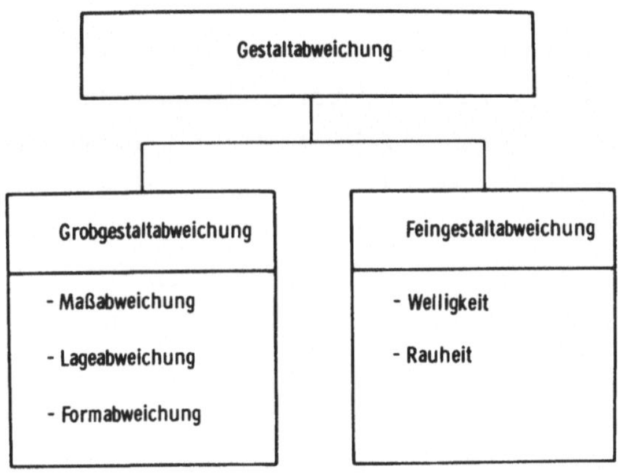

<u>Bild 3/2:</u>   Einteilung der Gestaltabweichung

Die von der NC-Bearbeitung her bekannten Ursachen und deren Wirkung
auf die Werkstückabweichung $\lceil$ 22 $\rfloor$ [1] können auf das fünfachsige Fräsen übertragen werden. Weitere Ursachen sind fünfachsenspezifisch und
lassen sich nicht von diesen Erfahrungen ableiten. Darunter fallen in den
Bereich des NC-Programmiersystems (siehe Bild 3/1)
- Beschreibung von mathematisch einfach und von mathematisch nicht

---

[1] Einfluß Werkzeugmaschine S. 113 ff

Einfluß Lageeinstellung S. 65 ff und S. 152 ff

einfach beschreibbaren (gekrümmten) Flächen $\llbracket$ 4 , 11 $\rrbracket$,
- Fräsbahnberechnung $\llbracket$ 11 $\rrbracket$ und
- Postprozessorverarbeitung $\llbracket$ 4 $\rrbracket$
sowie in das Aufgabengebiet der numerischen Bahnsteuerung die
- Interpolation $\llbracket$ 23 , 4 $\rrbracket$.

Ein weiterer Punkt ist der Fehler in der Position der Maschinenachsen, der sich bei Fünfachsen-Maschinen nicht in der leicht überschaubaren Weise wie bei Zwei- oder Dreiachsen-Maschinen (z. B. Drehmaschinen, Bohr- und Fräsmaschinen) auswirkt. Während bei diesen Maschinen die vektorielle Summe der Fehler in der Position der Maschinenachsen direkt als ein Maß für die Abweichung des Werkstücks herangezogen werden kann, besteht bei Fünfachsen-Maschinen dieser einfache Zusammenhang nicht. Der Grund für einen Fehler in der Position der Maschinenachsen kann in allen drei Komponenten einer NC-Fünfachsen-Fertigungseinheit auftreten. In Bild 3/3 sind einige Gründe aufgeführt.

Bild 3/3: Gründe für Fehler in der Position der Maschinenachsen

4 Berechnung der Abweichung des Werkzeugs aufgrund eines Fehlers in der Position der Maschinenachsen

Bei gleichem Arbeitsablauf ist bei der Bearbeitung eines Werkstücks auf verschiedenen Fünfachsen-Maschinen jeweils die programmierte Richtung der Werkzeugachse und die programmierte Position der Werkzeugspitze relativ zum Werkstück gleich. Unter der Werkzeugspitze wird dabei der Durchstoßpunkt der Werkzeugachse durch den Hüllkörper des Werkzeugs (Fräser) an seinem schneidenden Ende verstanden $\lceil 4 \rfloor$. Aufgrund eines Fehlers in der Position der Maschinenachsen ergeben sich aber je nach Fünfachsen-Maschine andere Istwerte für die Richtung der Werkzeugachse und die Position der Werkzeugspitze. Dies bedeutet insbesondere, daß zum Vergleich verschiedener Fünfachsen-Maschinen bezüglich ihrer Genauigkeit die Betrachtung der Abweichungen des Werkzeugs genügt.

4.1 Grundlagen

4.1.1 Fehler in der Position der Maschinenachsen

Ein Fehler in der Position der Maschinenachsen (im folgenden $\overrightarrow{\Delta M}$ genannt) kann durch verschiedene Ursachen hervorgerufen werden (vergl. Kapitel 3), die wichtigsten sind in Bild 4/1 zusammengefaßt.

Da die numerische Bahnsteuerung die geforderte gekrümmte Sollbahn nicht erzeugen kann $\lceil 23 \rfloor$, wird die Bahn z. B. linear angenähert. Der zeitlich lineare Verlauf zwischen den Bahnstützpunkten wird von der Achsbewegungseinheit $\lceil 24 \rfloor$ als Sollwert betrachtet. Aufgrund statischer $\lceil 6 \rfloor$ und dynamischer $\lceil 25 \rfloor$ Eigenschaften der Achsbewegungseinheit werden die Sollwerte jedoch verfälscht und die Achsbewegungen abweichend vom Sollbahnverlauf ausgeführt. So verschieden die Ursachen auch sind, sie äußern sich in einem Fehler in der Position der Maschinenachsen und üben somit dieselbe Wirkung aus.

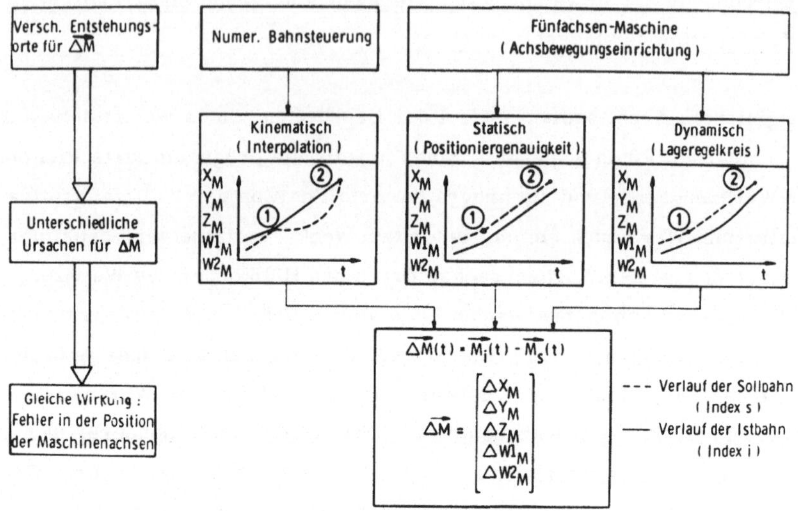

Bild 4/1: Fehler in der Position der Maschinenachsen

4.1.2 Koordinatensysteme im Datenfluß

Um die Abweichungen zu berechnen, muß die Transformationskette, wie sie beim Generieren der Steuerdaten begangen wird, in umgekehrter Richtung durchlaufen werden.

Im Datenfluß der NC-Programmierung von Fünfachsen-Maschinen werden zweckmäßigerweise verschiedene Koordinatensysteme eingeführt $[\,7\,]$. Damit lassen sich zum einen die verschiedenen Phasen der NC-Programmierung klar trennen und zum anderen werden dadurch die ersten Berechnungsschritte weitgehend unabhängig von einer bestimmten Fünfachsen-Maschine.

Daten über die Lage der Werkzeugachse $\vec{E}_W$ und der Werkzeugspitze $\vec{P}_W$ relativ zum Werkstück (entsprechend der Gestalt des Werkstücks und des Fräsverfahrens) werden im Werkstückkoordinaten-System (W-Sytem) durch den Programmierer definiert. Die Daten im W-System werden mit einer Transformation (Translation und/oder Rotation) auf das Programmierkoordinaten-System (P-System) der Maschine bezogen. Der Bezug kann in dem NC-Programmiersystem APT $\lceil 26 \rfloor$ z. B. durch eine TRACUT-Anweisung vorgenommen werden. Damit läßt sich eine geeignete Zuordnung des Werkstücks zum Arbeitsraum der Maschine festlegen (Bild 4/2). Im P-System ist für jede Bearbeitungsstelle die Richtung der Werkzeugachse (als Einheitsvektor $\vec{E}_P$) und der Punkt der Bearbeitung (als Ortsvektor $\vec{P}_P$) gegeben. Im Maschinenkoordinaten-System (M-System) werden die Positionen der Maschinenachsen festgelegt. Der Zusammenhang zwischen P-System und M-System wird durch Transformationsgleichungen hergestellt.

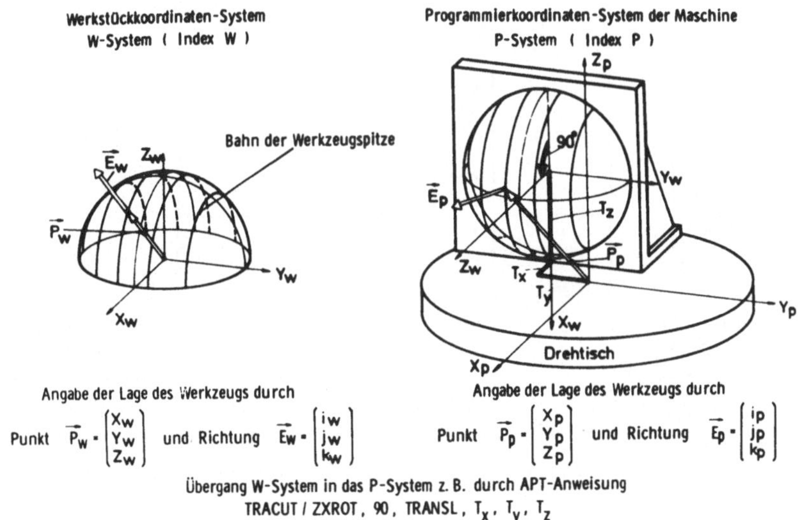

Bild 4/2: Transformation der Fräserwegdaten vom W-System in das P-System (Beispiel)

In dem vorgestellten Datenfluß wird neben idealisierenden Vereinfachungen, wie z. B. unendliche Steifigkeit von Werkstück und Werkzeug, auch vorausgesetzt, daß die Drehachsen der rotatorischen und die Richtung

der zugehörigen translatorischen Maschinenbewegung in jedem Punkt
parallel zueinander sind. Insbesondere bedeutet dies, daß die Drehachsen
keine Taumelbewegungen und die translatorischen Maschinenachsen stets
geradlinige Bewegungen ausführen. Bei der Berechnung der Abweichung
am Werkstück aufgrund eines Fehlers in der Position der Maschinenachsen müssen entsprechend dieselben Annahmen getroffen werden.

4.2 Möglichkeiten zur Berechnung der Abweichung des Werkzeugs aufgrund eines Fehlers in der Position der Maschinenachsen

Es erweist sich als sinnvoll, die Berechnung schrittweise, entsprechend
den eingeführten Koordinatensystemen durchzuführen (Bild 4/3). Ausge-
hend von den Abweichungen im M-System (gegeben durch den Vektor $\overrightarrow{\Delta M}$)

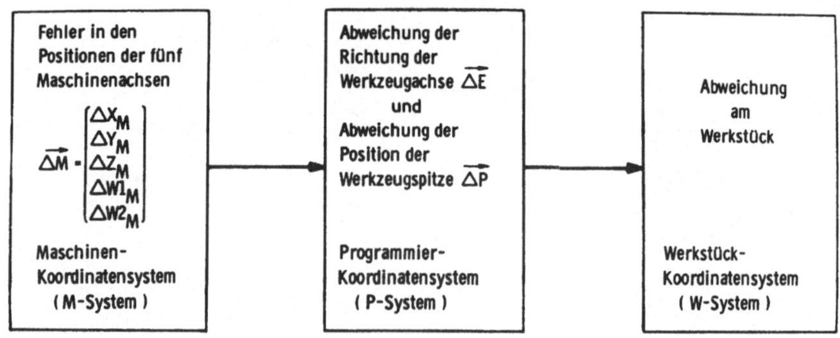

Bild 4/3: Lösungsschritte zur Berechnung der Werkstückabweichung
aufgrund eines Fehlers in der Position der Maschinenachsen

werden die Abweichungen des Werkzeugs im P-System ermittelt. Da der
Kontaktpunkt zwischen Werkzeug und Werkstück nicht bekannt ist und
außerdem die Lage des Werkzeugs im P-System durch die Angabe der
Richtung der Werkzeugachse und der Position der Werkzeugspitze festgelegt wird, ist es sinnvoll, die Abweichung des Werkzeugs zu trennen in
eine Richtungsabweichung der Werkzeugachse $\overrightarrow{\Delta E}$ und in eine Positions-

abweichung der Werkzeugspitze $\overrightarrow{\Delta P}$. Ein weiterer Rechenschritt bestimmt aus den Abweichungen des Werkzeugs die Abweichungen am Werkstück (W-System).

Die im folgenden beschriebenen Lösungswege zur Bestimmung der Abweichungen des Werkzeugs sind unabhängig von der Entstehungsursache für $\overrightarrow{\Delta M}$. Sie sind für alle Bauformen bzw. für jeden geometrischen Aufbau innerhalb der Bauform anwendbar. Insbesondere sind die Lösungswege auch auf Fünfachsen-Maschinen übertragbar, bei denen die rechtwinklige Anordnung der T-Achsen durch die Bewegung einer oder beider R-Achsen nicht erhalten bleibt. Als Lösung bietet sich der indirekte und der direkte Weg an (Bild 4/4).

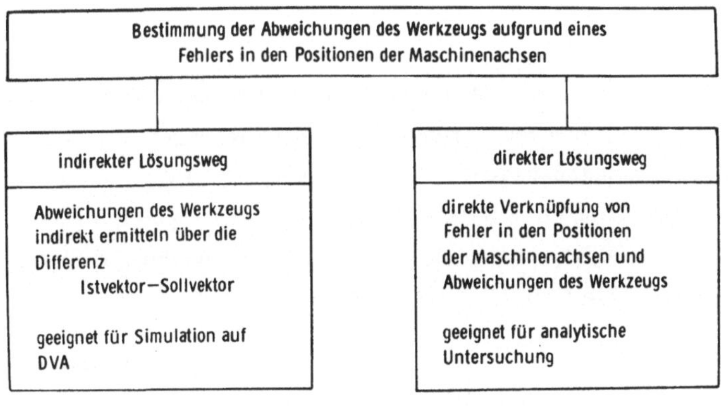

Bild 4/4: Lösungswege zur Berechnung der Abweichung des Werkzeugs aufgrund eines Fehlers in der Position der einzelnen Maschinenachsen

4.2.1 Indirekter Lösungsweg zur Berechnung der Abweichung des Werkzeugs aufgrund eines Fehlers in der Position der Maschinenachsen

4.2.1.1 Grundgedanke

Die Berechnung der Winkel- und Positionsabweichung beruht auf der Kenntnis von Ist- und Sollposition der einzelnen Maschinenachsen. Die Istposition kann dabei, bedingt durch die unterschiedlichen Ursachen für einen Fehler in der Position der Maschinenachsen (siehe Bild 4/1), aus
- einem konstanten Fehler in der Position der Maschinenachsen (Positioniergenauigkeit, Meßsystemgenauigkeit) oder
- einem zeitabhängigen Fehler in der Position der Maschinenachsen (Interpolation, dynamisches Verhalten der Lageregelkreise)

berechnet werden.

Sowohl Ist- als auch Sollposition der Maschinenachsen im M-System werden mit Hilfe der inversen Transformationsgleichungen in Ist- und Sollwerte für Richtung und Position des Werkzeugs im P-System umgewandelt. Aus der Differenz von Ist- und Sollwert im P-System ergeben sich die gesuchten Werte von Winkel- und Positionsabweichung des Werkzeugs im P-System (Bild 4/5).

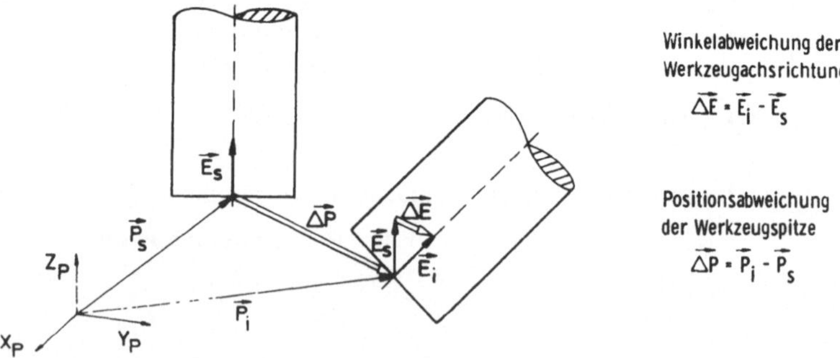

Bild 4/5: Indirekter Lösungsweg zur Berechnung der Abweichung des Werkzeugs aufgrund eines Fehlers in der Position der Maschinenachsen

Dieser Lösungsweg wird an dem Beispiel der Abweichung durch das dynamische Verhalten der Lageregelkreise, hervorgerufen durch eine Bahnrichtungsänderung, vorgestellt. Die entstehende Abweichung soll als dynamische Abweichung bezeichnet werden.

4.2.1.2 Anwendung des indirekten Lösungsweges am Beispiel der Abweichung aufgrund des dynamischen Verhaltens der Lageregelkreise

Bei NC-Maschinen lassen sich die Istpositionen der einzelnen Maschinenachsen als Funktion der Zeit getrennt berechnen. Durch Elimination der Zeit kann daraus die Istlage des Werkzeugs bestimmt werden. Spezifische Daten der einzelnen Lageregelkreise (Geschwindigkeitsverstärkung K_v, Dämpfung D, Kennkreisfrequenz ω_0 u. a.) einschließlich der Kennwerte des mechanischen (z. B. Spindel-Schlitten) Systems können dabei berücksichtigt werden [27]. Die Tabelle in Bild 4/6 gibt einige dieser Kennwerte für die Fünfachsen-Maschine nach Bild 1/1 wieder. Sie zeigt, wie unterschiedlich die Kennwerte der T- und R-Achsen sein können, d. h. wie verschieden der Einfluß der T- und R-Achsen auf die dynamische Abweichung sein kann.

		$\dfrac{J_{ges}}{kg\,m^2}$	$\dfrac{f_{0A}}{Hz}$	D_A	$\dfrac{f_{0\,mech}}{Hz}$	D_{mech}
T-Achsen	X	$44 \cdot 10^{-3}$	45	0,6	60	0,5 ... 0,6
	Y	$27 \cdot 10^{-3}$	80	0,5	115	0,6 ... 0,8
	Z	$32 \cdot 10^{-3}$	65	0,45	63	0,4 ... 0,5
R-Achsen	B	$3,5 \cdot 10^{-3}$	100	0,8	266	0,7 ... 0,9
	C	$3,9 \cdot 10^{-3}$	90	1,0	166	0,4

Bild 4/6: Dynamische Kennwerte der T- und R-Achsen einer Fünfachsen-Fräsmaschine (Beispiel)

Den prinzipiellen Ablauf des Rechenvorganges zeigt Bild 4/7. Werden die
Maschinenachsen nicht mit Lageregelkreisen, sondern mit Schrittmotoren
in einer Steuerkette verfahren, so ist der Lösungsweg derselbe. Ein Unterschied besteht nur in der Lösung einer anderen Differentialgleichung
für die Istpositionen der Maschinenachsen.

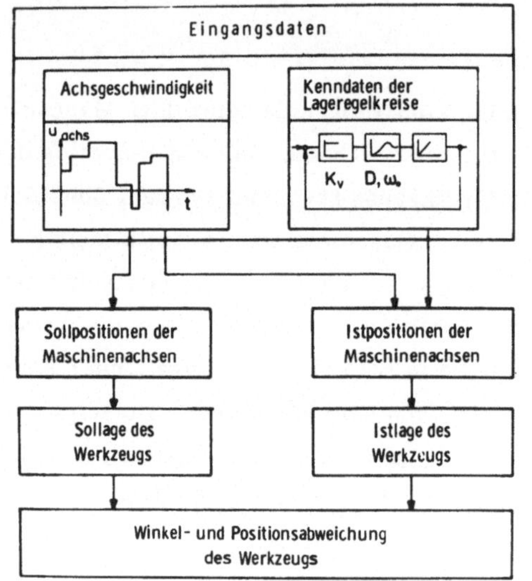

Bild 4/7:
Berechnung der Abwei-
chung des Werkzeugs
aufgrund des dynami-
schen Verhaltens der
Lageregelkreise

Von entscheidender Bedeutung für die Berechnung der dynamischen Abweichung ist neben der Kenntnis der Lageregelkreisparameter auch eine
genaue Kenntnis der Achsgeschwindigkeiten (Führungsgeschwindigkeiten
$\lceil$ 28 $\rfloor$) jeder Maschinenachse (Bild 4/8). In diesem Bild ist als Beispiel
das Bearbeiten einer Kugelkalotte aufgeführt. Bild 4/8 a zeigt die Fräsbahn. Sie setzt sich aus Kreisbögen zusammen, die sich aus dem Schnitt
von parallelen Ebenen mit der Kugel ergeben. Die Abarbeitung verläuft
zickzackförmig entlang dieser Werkzeugbahn. Dabei steht das Werkzeug
jeweils senkrecht auf der Oberfläche der Kalotte. Die Bearbeitung erfolgt
auf einer Fünfachsen-Maschine entsprechend Bild 1/1. Damit die Kurvenverläufe deutlicher hervortreten, wurde eine exzentrische Aufspannung

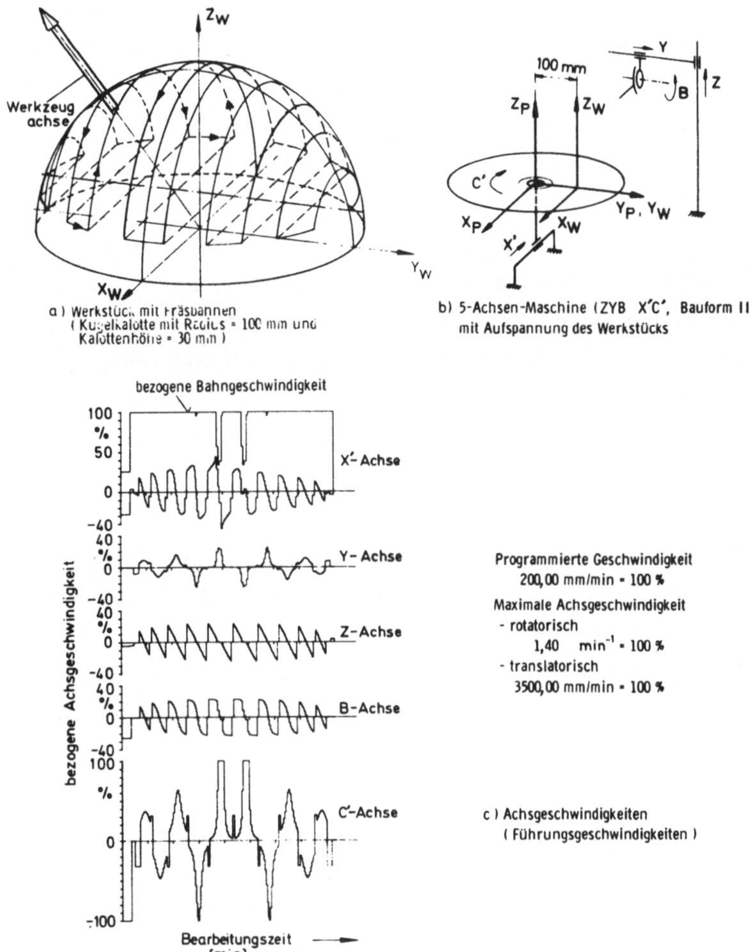

Bild 4/8: Achsgeschwindigkeiten (Führungsgeschwindigkeiten) für das Bearbeitungsbeispiel Kugelkalotte

der Kalotte auf dem Drehtisch vorgesehen (Bild 4/8 b).

In Bild 4/8 c sind die Achsgeschwindigkeiten der Maschinenachsen über
der Bearbeitungszeit aufgetragen, wie sie sich bei Linearinterpolation
darstellen. Die Ordinatenwerte sind aufgetragen als bezogene Achsgeschwindigkeiten. Sie geben das Verhältnis von wirklich auftretender zu
maximal möglicher Achsgeschwindigkeit einer Maschinenachse wieder.
Darüber hinaus ist in Bild 4/8 c noch die bezogene Bahngeschwindigkeit
(Verhältnis von resultierender Bahngeschwindigkeit zu programmierter
Bahngeschwindigkeit) eingezeichnet. Die Einbrüche im Verlauf dieser
Kurve sind die Folge der begrenzten maximalen Achsgeschwindigkeit
der C'-Achse. Die Geschwindigkeiten aller fünf Maschinenachsen müssen
deshalb in diesem kritischen Bereich um denselben Faktor reduziert werden, damit der Zusammenhang der jeweils geforderten Achsgeschwindigkeiten auch realisiert werden kann.

Die Kurvenverläufe nach Bild 4/8 c wurden mittels Simulation der Bearbeitung mit Hilfe eines Rechenprogramms gewonnen. Dabei wurden die
in Bild 4/8 a dargestellten Fräsbahnen mit APT programmiert und die in
Bild 4/8 c gezeigten Achsgeschwindigkeiten berechnet, da diese einen
maßgeblichen Ausgangswert für die Berechnung der dynamischen Abweichung darstellen (siehe Bild 4/7).

Die Berechnung der Ist- und Sollpositionen der Maschinenachsen ist in
Bild 4/9 skizziert. Die augenblickliche Maschinenposition ergibt sich aus
einem bekannten Positionswert zum Zeitpunkt der sprunghaften Änderung
der Achsgeschwindigkeit (t = 0) plus einem Positionszuwachs X_M^*, der
getrennt für Ist- und Sollwert der Maschinenposition nach den in Bild 4/9
angegebenen Gleichungen berechnet wird. Das dynamische Verhalten des
Lageregelkreises kann dabei durch eine Differentialgleichung 3. Ordnung
hinreichend genau beschrieben werden [25]. Es muß aber vorausgesetzt werden, daß die Maschinenachsen zum Zeitpunkt t = 0 ausgeschwun-

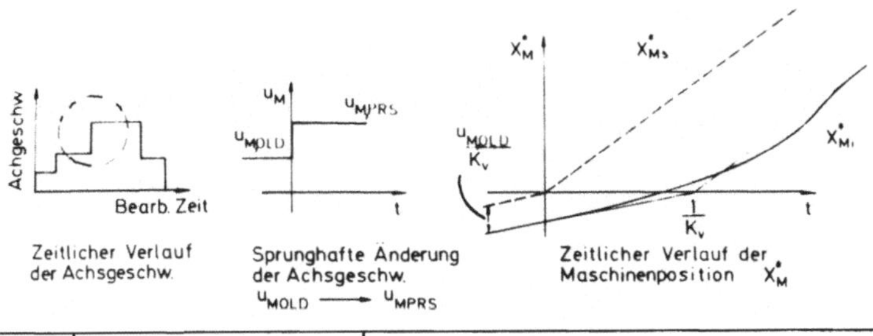

Zeit	Sollposition (Index s)	Istposition (Index i)
$t < 0$	$\dot{X}_{Ms}(t) = u_{MOLD} \cdot t$	$\dot{X}_{Mi}(t) = u_{MOLD} \cdot \left(t - \dfrac{1}{K_v} \right)$
$t \gtreqless 0$	$\dot{X}_{Ms}(t) = u_{MPRS} \cdot t$	$\dddot{X}_{Mi} + 2 \cdot D\omega_e \ddot{X}_{Mi} + \omega_e^2 \dot{X}_{Mi} + K_v \omega_e^2 X_{Mi} = K_v \omega_e^2 X_{Ms}$ Anfangsbedingung für $t = 0$ $\dot{X}_{Mi}(0) = - u_{MOLD}/K_v$ $\ddot{X}_{Mi}(0) = u_{MOLD}$ $\dddot{X}_{Mi}(0) = 0$

Bild 4/9: Berechnung der dynamischen Abweichung, Bestimmung der Position der Maschinenachsen

gen sind, d. h. daß sie für $t < 0$ dem vorgegebenen Sollwert linear im zugehörigen Schleppabstand folgen.

Die weitere Berechnung der dynamischen Abweichung verläuft nach dem in Kapitel 4.2.1.1 aufgezeigten Grundgedanken des indirekten Lösungsweges. Aus der Ist- und Sollposition der Maschinenachsen (M-System) wird über die inversen Transformationsgleichungen die Ist- und Soll-Lage des Werkzeugs im P-System gebildet. Die Differenz von Ist- und Soll-Lage im P-System führt dann auf die zu bestimmenden Abweichungen des Werkzeugs (siehe auch Bild 4/5).

Es ist jedoch noch die Frage zu klären, ob die so berechnete Abweichung des Werkzeugs durch die vorausgegangene Linearinterpolation verfälscht wird. Die berechnete Istbahn des Werkzeugs (siehe oben) setzt sich aus der Überlagerung eines Linearisierungs- und eines Dynamikanteils zu-

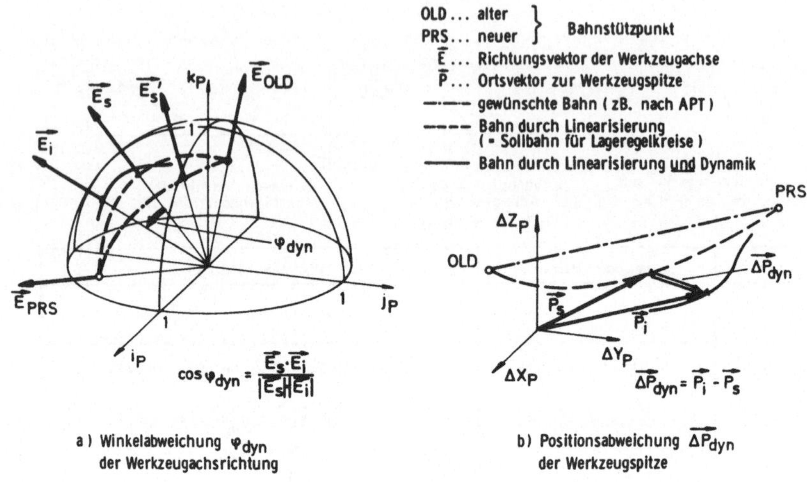

a) Winkelabweichung φ_{dyn}
der Werkzeugachsrichtung

b) Positionsabweichung $\vec{\Delta P}_{dyn}$
der Werkzeugspitze

Bild 4/10: Dynamische Abweichung, Winkel- und Positionsabweichung des Werkzeugs

sammen (Bild 4/10). Die Sollwerte ergeben sich bei Linearinterpolation im M-System aus der linearen Verbindung zweier aufeinanderfolgender Bahnstützpunkte. Dies führt im P-System zu einer Werkzeugbahn , welche in Bild 4/10 a und b gestrichelt eingezeichnet ist. Sie weicht von der gewünschten, strichpunktiert gezeichneten Bahn ab [23]. Diese als Linearisierungsabweichung bezeichnete Abweichung kann u. a. durch einen engeren Stützpunktabstand verkleinert werden. Die lineare Verbindung der beiden Bahnstützpunkte ist gleichzeitig über die Achsgeschwindigkeit (Bild 4/8 c) auch Grundlage für die Berechnung der dynamischen Abweichung.

Es zeigt sich, daß bei der vorgenommenen Art der Berechnung der Winkel- und Positionsabweichung des Werkzeugs nach Bild 4/10 kein Linearisierungsanteil in den Ergebnissen enthalten ist, da sich die dynamische Abweichung allein aus der Bahn durch Linearisierung (=Sollbahn für den Lageregelkreis, in Bild 4/10 gestrichelt gezeichnet) und aus der Bahn durch Linearisierung und Dynamik (in Bild 4/10 als durchgezogene Kurve dargestellt) ergibt. Die Winkelabweichung der Werkzeugachse resultiert aus dem skalaren Produkt zweier Vektoren $\vec{E}_i$ und $\vec{E}_s$ (Bild 4/10 a) und die Positionsabweichung der Werkzeugspitze bestimmt sich aus der Differenz zweier Ortsvektoren $\vec{P}_i$ und $\vec{P}_s$ (Bild 4/10 b). In beiden Fällen entfällt der Linearisierungsanteil.

Der vorgestellte Weg der indirekten Lösungsmethode ist einfach, aber umständlich, da die Transformation vom M- in das P-System zweimal (für Ist- und Sollposition) durchgeführt und von den Ergebnissen zusätzlich die Differenz gebildet werden muß. Die Lösung kann jedoch dann empfohlen werden, wenn sie mit Hilfe einer DVA durchgeführt werden kann, wobei die Umständlichkeit aber erhalten bleibt. Die Auswirkungen von z. B. geometrischen Maschinenkenngrößen auf die Abweichung lassen sich aber nur durch eine umfangreiche Rechenserie über Parametervariation erkennen. Die Nachteile des indirekten Lösungsweges können durch den direkten Lösungsweg umgangen werden.

4.2.2 Direkter Lösungsweg zur Berechnung der Abweichung des Werkzeugs aufgrund eines Fehlers in den Positionen der Maschinenachsen

Die Berechnung der Abweichungen des Werkzeugs erfolgt dabei durch eine direkte Verknüpfung von $\overrightarrow{\Delta M}$ (M-System) mit der Wirkung auf das Werkzeug - $\overrightarrow{\Delta E}$ und $\overrightarrow{\Delta P}$ - (P-System) mittels je einer Funktionsmatrix $\vec{F}$. Diese Art von Lösung ist zwar kompliziert, sie erweist sich aber als besonders vorteilhaft zum Erkennen und zur Diskussion der die Abweichungen des Werkzeugs mitbestimmenden maßlichen Zuordnung der Maschinenachsen. Voraussetzung für die direkte Lösung ist eine analytische Betrachtung der inversen Transformationsgleichungen mit Hilfe der Vektoranalysis.

4.2.2.1 Analytische Betrachtung der Abweichungen des Werkzeugs

Die Richtung $\vec{E}$ der Werkzeugachse und die Position $\vec{P}$ der Werkzeugspitze ergeben sich aus den Positionen der fünf Maschinenachsen im M-System. Es gilt

$$\vec{E} = \vec{E} \, (\, W1_M, \, W2_M \,) \tag{4.1}$$

und $\quad \vec{P} = \vec{P} \, (\, X_M, \, Y_M, \, Z_M, \, W1_M, \, W2_M) \tag{4.2}$

Sowohl der Richtungsvektor $\vec{E}$ als auch der Ortsvektor $\vec{P}$ ist somit eine Funktion von skalaren Veränderlichen. Das totale Differential der Funktion nach Gleichung (4.1) führt auf

$$d\vec{E} = \frac{\partial \vec{E}}{\partial W1_M} \, dW1_M + \frac{\partial \vec{E}}{\partial W2_M} \, dW2_M$$

Erfolgt ein Übergang von unendlich kleinen zu endlich kleinen Größen (Differential wird zu Differenz), so ergibt sich unter gleichzeitiger Vernachlässigung von Größen klein von 2. Ordnung

$$\Delta\vec{E} = \frac{\partial \vec{E}}{\partial W1_M} \, \Delta W1_M + \frac{\partial \vec{E}}{\partial W2_M} \, \Delta W2_M \tag{4.3}$$

Der Vektor $\Delta\vec{E}$ stellt dabei die Winkelabweichung der Werkzeugachsrichtung dar.

Analog folgt für die Positionsabweichung der Werkzeugspitze $\Delta\vec{P}$ aus Gleichung (4.2)

$$\Delta\vec{P} = \frac{\partial \vec{P}}{\partial X_M} \, \Delta X_M + \frac{\partial \vec{P}}{\partial Y_M} \, \Delta Y_M + \frac{\partial \vec{P}}{\partial Z_M} \, \Delta Z_M + \frac{\partial \vec{P}}{\partial W1_M} \, \Delta W1_M + \frac{\partial \vec{P}}{\partial W2_M} \, \Delta W2_M \tag{4.4}$$

Der Zusammenhang zwischen der Abweichung des Werkzeugs ($\Delta\vec{E}$ und $\Delta\vec{P}$) und dem Fehler in den Positionen der Maschinenachsen $\Delta\vec{M}$ läßt sich herstellen durch jeweils eine Funktionsmatrix $\vec{F}$. Es gilt

$$\vec{\Delta E} = \begin{bmatrix} \Delta i_P \\ \Delta j_P \\ \Delta k_P \end{bmatrix} = \begin{bmatrix} \dfrac{\partial i_P}{\partial w1_M} & \dfrac{\partial i_P}{\partial w2_M} \\[2ex] \dfrac{\partial j_P}{\partial w1_M} & \dfrac{\partial j_P}{\partial w2_M} \\[2ex] \dfrac{\partial k_P}{\partial w1_M} & \dfrac{\partial k_P}{\partial w2_M} \end{bmatrix} \cdot \begin{bmatrix} \Delta w1_M \\[2ex] \Delta w2_M \end{bmatrix} \tag{4.5}$$

oder $\qquad \vec{\Delta E} = \vec{F}_E \cdot \vec{\Delta M}_R$

und

$$\vec{\Delta P} = \begin{bmatrix} \Delta X_P \\ \Delta Y_P \\ \Delta Z_P \end{bmatrix} = \begin{bmatrix} \dfrac{\partial x_P}{\partial x_M} & \dfrac{\partial x_P}{\partial Y_M} & \dfrac{\partial x_P}{\partial Z_M} & \dfrac{\partial x_P}{\partial w1_M} & \dfrac{\partial x_P}{\partial w2_M} \\[2ex] \dfrac{\partial Y_P}{\partial x_M} & \dfrac{\partial Y_P}{\partial Y_M} & \dfrac{\partial Y_P}{\partial Z_M} & \dfrac{\partial Y_P}{\partial w1_M} & \dfrac{\partial Y_P}{\partial w2_M} \\[2ex] \dfrac{\partial Z_P}{\partial x_M} & \dfrac{\partial Z_P}{\partial Y_M} & \dfrac{\partial Z_P}{\partial Z_M} & \dfrac{\partial Z_P}{\partial w1_M} & \dfrac{\partial Z_P}{\partial w2_M} \end{bmatrix} \cdot \begin{bmatrix} \Delta X_M \\ \Delta Y_M \\ \Delta Z_M \\ \Delta w1_M \\ \Delta w2_M \end{bmatrix} \tag{4.6}$$

oder $\qquad \vec{\Delta P} = \vec{F}_P \cdot \vec{\Delta M}$

Die Elemente der Funktionsmatrizen entsprechen dabei den Komponenten der partiellen Ableitung nach Gleichung (4.3) bzw. (4.4) [29].

Darüberhinaus kann die Positionsabweichung der Werkzeugspitze $\vec{\Delta P}$ nach Gleichung (4.6) aufgespalten werden in Anteile, die sich aus den Fehlern in den Positionen der T- bzw. R-Achsen ergeben.

Es gilt nach Gleichung (4.6)

$$\vec{\Delta P} = \begin{bmatrix} \Delta X_P \\ \Delta Y_P \\ \Delta Z_P \end{bmatrix} = \underbrace{\begin{bmatrix} \dfrac{\partial x_P}{\partial x_M} & \dfrac{\partial x_P}{\partial Y_M} & \dfrac{\partial x_P}{\partial Z_M} \\[2ex] \dfrac{\partial Y_P}{\partial x_M} & \dfrac{\partial Y_P}{\partial Y_M} & \dfrac{\partial Y_P}{\partial Z_M} \\[2ex] \dfrac{\partial Z_P}{\partial x_M} & \dfrac{\partial Z_P}{\partial Y_M} & \dfrac{\partial Z_P}{\partial Z_M} \end{bmatrix}}_{\vec{F}_{PT}} \; \underbrace{\begin{bmatrix} \dfrac{\partial x_P}{\partial w1_M} & \dfrac{\partial x_P}{\partial w2_M} \\[2ex] \dfrac{\partial Y_P}{\partial w1_M} & \dfrac{\partial Y_P}{\partial w2_M} \\[2ex] \dfrac{\partial Z_P}{\partial w1_M} & \dfrac{\partial Z_P}{\partial w2_M} \end{bmatrix}}_{\vec{F}_{PR}} \quad \begin{matrix} \overbrace{\begin{bmatrix} \Delta X_M \\ \Delta Y_M \\ \Delta Z_M \end{bmatrix}}^{\vec{\Delta M}_T} \\[1ex] \underbrace{\begin{bmatrix} \Delta w1_M \\ \Delta w2_M \end{bmatrix}}_{\vec{\Delta M}_R} \end{matrix}$$

oder

$$\vec{\Delta P} = \begin{bmatrix} \dfrac{\partial X_P}{\partial X_M} & \dfrac{\partial X_P}{\partial Y_M} & \dfrac{\partial X_P}{\partial Z_M} \\[2ex] \dfrac{\partial Y_P}{\partial X_M} & \dfrac{\partial Y_P}{\partial Y_M} & \dfrac{\partial Y_P}{\partial Z_M} \\[2ex] \dfrac{\partial Z_P}{\partial X_M} & \dfrac{\partial Z_P}{\partial Y_M} & \dfrac{\partial Z_P}{\partial Z_M} \end{bmatrix} \cdot \begin{bmatrix} \Delta X_M \\[1ex] \Delta Y_M \\[1ex] \Delta Z_M \end{bmatrix} + \begin{bmatrix} \dfrac{\partial X_P}{\partial W1_M} & \dfrac{\partial X_P}{\partial W2_M} \\[2ex] \dfrac{\partial Y_P}{\partial W1_M} & \dfrac{\partial Y_P}{\partial W2_M} \\[2ex] \dfrac{\partial Z_P}{\partial W1_M} & \dfrac{\partial Z_P}{\partial W2_M} \end{bmatrix} \cdot \begin{bmatrix} \Delta W1_M \\[1ex] \Delta W2_M \end{bmatrix} \qquad (4.7)$$

Damit wird

$$\vec{\Delta P} = \vec{F}_{PT} \cdot \vec{\Delta M}_T + \vec{F}_{PR} \cdot \vec{\Delta M}_R$$

oder

$$\vec{\Delta P} = \vec{\Delta P}_T + \vec{\Delta P}_R \qquad (4.8)$$

wobei $\quad \vec{\Delta P}_T \ldots$ Anteil durch die Fehler in den Positionen der T-Achsen

$\qquad\quad \vec{\Delta P}_R \ldots$ Anteil durch die Fehler in den Positionen der R-Achsen

Die Gleichungen (4.5) und (4.6) lassen sich auf verschiedene Problem-
stellungen anwenden. Es ist damit eine Grundlage für weitere Untersuchungen bezüglich der Abweichungen des Werkzeugs geschaffen (siehe folgende Kapitel). Außerdem liefern die Beziehungen einen praktikablen Aus-
gangspunkt für die laufende Überwachung der Abweichungen des Werkzeugs
durch die numerische Steuerung, da die geforderten Sollpositionen der
Maschinenachsen direkt mit den Fehlern in diesen Positionen zu den Abweichungen des Werkzeugs verknüpft werden können.

4.2.2.2 Auswertung der durch die analytische Betrachtung gewonnenen Gleichungen für die Abweichungen des Werkzeugs

Die allgemeingültigen Ergebnisse der analytischen Betrachtung (Gleichung
(4.5) und (4.6) bzw. (4.8)) können unter verschiedenen Gesichtspunkten
weiterverarbeitet werden (Bild 4/11). Ziele der beiden in diesem Bild
genannten Möglichkeiten können sein

- Einflußparameter auf die Abweichungen des Werkzeugs zu erkennen,

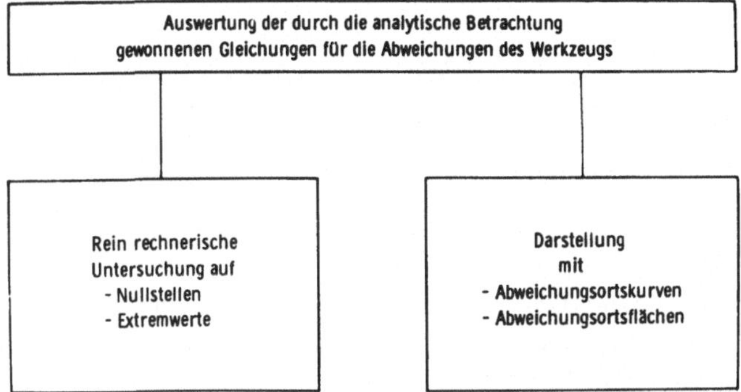

Bild 4/11: Auswertung der durch die analytische Betrachtung

gewonnenen Gleichungen

- das Fehlerverhalten zu diskutieren,
- Bereiche im Arbeitsraum der Fünfachsen-Maschine mit möglichst geringen Abweichungen des Werkzeugs anzugeben und
- ein Kriterium für den Vergleich der verschiedenen Bauformen in bezug
  auf Abweichungen des Werkzeugs zu erhalten.

Aussagen über die Abweichungen des Werkzeugs durch eine rein rechne-
rische Untersuchung der Gleichungen auf Extremwerte und Nullstellen
lassen sich nur in begrenztem Umfange treffen. Die Bestimmung von Ex-
tremwerten ist geschlossen nur möglich für Gleichungen mit bis zu zwei
Veränderlichen. Aufgrund der vielen Parameter werden Vereinfachungen
erforderlich, die zu nicht befriedigenden Ergebnissen führen $\lfloor 30 \rfloor$.
Die Betrachtung der Abweichungen des Werkzeugs unter geometrischen
Gesichtspunkten führt zu der Darstellung der Abweichungen des Werkzeugs mittels Abweichungs-Ortskurven bzw. -Ortsflächen, die sich sehr
gut darstellen lassen (siehe Kapitel 5).

4.3 Abweichungen am Werkstück aufgrund der Abweichungen des Werkzeugs

In Kapitel 4.2.2.1 wurden die Abweichungen des Werkzeugs im P-System betrachtet. Die Ergebnisse dazu sind unabhängig von einem bestimmten Werkstück oder einer Bearbeitungsaufgabe. Im wesentlichen werden sie neben der Position der Maschinenachsen und den Fehlern in diesen Positionen durch die Bauform und durch den Aufbau innerhalb der Bauform bestimmt. Die Abweichungen am Werkstück (W-System) ergeben sich aus den Abweichungen des Werkzeugs (P-System), indem die Transformation (Translation und/oder Rotation) zwischen W- und P-System rückgängig gemacht wird.

Stellt die Rücktransformation nur eine reine Translation dar, so bleiben die Abweichungsvektoren unverändert nach Betrag und Richtung. Bei einer Drehung beider Systeme gegeneinander bleibt der Betrag des Abweichungsvektors erhalten, es ändern sich nur die Komponenten des Abweichungsvektors entsprechend den Gleichungen (4.9) und (4.10)

$$\overrightarrow{\Delta E}_W = \overrightarrow{R}_{PW}^{-1} \cdot \overrightarrow{\Delta E} \tag{4.9}$$

$$\overrightarrow{\Delta P}_W = \overrightarrow{R}_{PW}^{-1} \cdot \overrightarrow{\Delta P} \tag{4.10}$$

wobei in der Matrix $\overrightarrow{R}_{PW}^{-1}$ die Winkel der Drehbewegung(en) für den Übergang vom W-System in das P-System enthalten sind (Bild 4/2).

Sehr oft liegt jedoch keine Transformation zwischen W- und P-System vor, d. h. W-System und P-System sind identisch. Für diesen, in der Praxis sehr häufig auftretenden Fall, stimmen die Abweichungen im W-System mit den Abweichungen im P-System überein.

5 Anwendung des direkten Lösungsweges an ausgesuchten Bauformen von Fünfachsen-Maschinen

Im folgenden wird der direkte Lösungsweg an drei ausgesuchten Bauformen durchgeführt. Mit Hilfe der Ergebnisse können die betrachteten Bauformen in bezug auf die ihr eigenen Abweichungen des Werkzeugs gegenübergestellt werden.

5.1 Auswahl von Bauformen von Fünfachsen-Maschinen

Die Auswahl beschränkt sich auf drei Bauformen von Fünfachsen-Maschinen mit 3 T- und 2 R-Achsen. Es sind dies die Bauformen

- Bauform I   (TTTRR)
- Bauform II   (TTTR R')
- Bauform III (TTT R'R').

Die mit einem Beistrich (') gekennzeichneten Maschinenachsen (T' oder R') geben dabei die werkstücktragenden Achsen an, entsprechend deuten die anderen T- oder R-Achsen (ohne Beistrich) auf werkzeugtragende Achsen hin $\lfloor 3 \rfloor$. An Bauform I sind die beiden Drehachsen als Doppelschwenkkopf ausgeführt, Bauform II arbeitet mit Schwenkkopf und Drehtisch und Bauform III ist mit einem Doppelschwenktisch ausgerüstet.

Für die Wahl dieser drei Bauformen sprechen verschiedene Gründe. Die beiden R-Achsen lassen sich als zusätzliche Bausteine an bestehende Maschinenkonzepte ohne grundlegende konstruktive Änderungen dieser Maschinen anbringen. Die Vorteile einer rationellen Fertigung der Maschine mit Hilfe des Baukastenprinzips können dadurch genutzt werden. Alle drei Bauformen können somit auch nachträglich bei vertretbarem Aufwand verwirklicht werden $\lfloor 31 \rfloor$.

Ferner spricht für die ausgewählten drei Bauformen, daß das rechtwinklige kartesische Koordinatensystem der T-Achsen erhalten bleibt. Die

Berechnung der Maschinenpositionen aus den CLDATA-Werten im Post-
prozessor $\lceil 4 \rfloor$ bzw. evtl. in der numerischen Steuerung $\lceil 32 \rfloor$ wird
dadurch um vieles einfacher, als wenn ein schiefwinkliges Koordinaten-
sytem vorliegt, bei dem die Winkel zwischen den T-Achsen durch die
Bewegung einer R-Achse verändert werden.

Weiterhin ist keine Begrenzung der Verfahrbereiche der R-Achsen erforderlich. Dies ist dann zu beachten, wenn eine T-Achse von einer oder
zwei R-Achsen getragen wird und die getragene T-Achse durch das Verfahren in einer der beiden R-Achsen in eine andere T-Achse übergeht.
Es kann unter diesen Bedingungen nur noch zweidimensional positioniert
werden $\lceil 2 \rfloor$.

Nicht zuletzt sprechen rein technische Gründe für die ausgesuchten Bauformen. Die R-Achsen dieser Bauformen erfordern sicher weniger konstruktiven und fertigungstechnischen Aufwand als bei Bauformen mit ver-
änderlicher Lage der T-Achse, z. B. Drehen eines ganzen Maschinen-
ständers.

Eine Überprüfung von 25 verschiedenen, sich im Einsatz befindlichen
Fünfachsen-Fräsmaschinen ergab außerdem, daß weitaus die meisten
dieser Fünfachsen-Fräsmaschinen den ausgesuchten Bauformen ange-
hören (Bild 5/1).

Bauform	Achsanordnung	Anzahl	Anteil
I	TTTRR	8	32 %
II	TTTR R'	8	32 %
III	TTT R'R'	4	16 %
Sonstige	—	5	20 %
		25	100 %

Bild 5/1: Realisierte Bauformen von numerisch gesteuerten Fünfachsen-
Fräsmaschinen

5.2 Inverse Transformationsgleichungen der ausgesuchten Bauformen von Fünfachsen-Maschinen

Während die Transformationsgleichungen die Werkzeugpositionsdaten vom P-System in das M-System umwandeln, bilden die inversen Transformationsgleichungen entsprechend aus den Positionen der Maschinenachsen im M-System die zugehörigen Werte für Werkzeugachsrichtung und Werkzeugspitze im P-System (Bild 5/2).

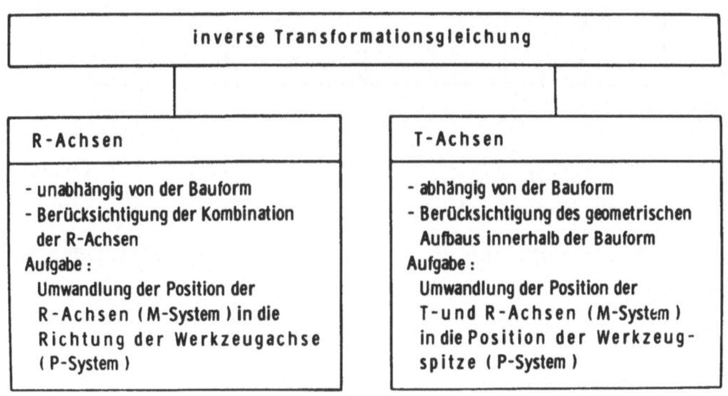

<u>Bild 5/2:</u> Merkmal und Aufgabe der inversen Transformationsgleichungen der R- und T-Achsen

Die Zusammenhänge zwischen P- und M-System werden in $\lfloor 2 \rfloor$ ausführlich dargestellt. Wegen ihrer Bedeutung für die in dieser Arbeit durchgeführten Untersuchungen werden die notwendigen Beziehungen in der folgenden Aufstellung kurz zusammengefaßt.

a) <u>Kombination der R-Achsen:</u> Es sind vier Kombinationen der R-Achsen (A-, B- und C-Achse) möglich. Die im folgenden aufgeführten Gleichungen für eine Bauform sind generell gültig, da die beiden R-Achsen als W1- und W2-Achse bezeichnet werden können. Die W1-Achse ist diejenige R-Achse, die dem Werkzeug über das Fundament gesehen am nächsten liegt. Entsprechend ist die W2-Achse die R-Achse, die dem Werkstück über das Fundament gesehen am nächsten liegt. Bei der in Bild 1/1 gezeigten Fünfachsen-Maschine ist demnach W1 = B-Achse und W2 = C'-Achse. Eine spezielle Kombination der R-Achsen ergibt sich aus den folgenden Gleichungen durch Berücksichtigung der Variablen VZ (siehe folgende Tabelle).

Kombination	W1-Achse	W2-Achse	Variable VZ
1	A	C	+ 1
2	B	A	+ 1
3	A	B	– 1
4	B	C	– 1

b) <u>Inverse Transformationsgleichung der R-Achsen:</u> Die Gleichung in Bild 5/3 zeigt, daß die Positionen der T-Achsen ohne Einfluß auf die Richtung der Werkzeugachse $\vec{E}$ im P-System sind. Sie ist damit für alle Bauformen gültig.

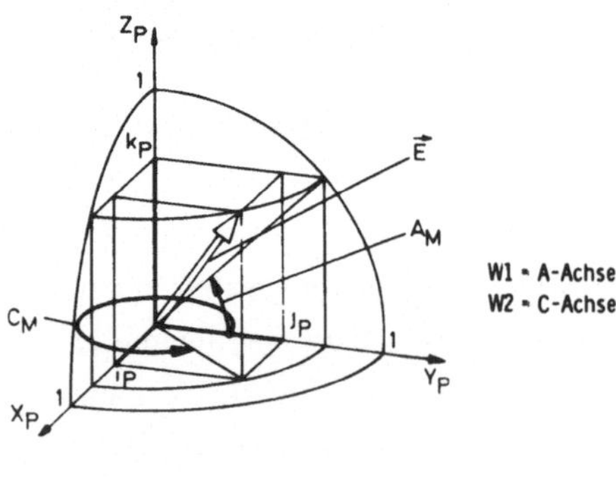

$$\vec{E} = \begin{bmatrix} -VZ \cdot \cos(W1_M) \cdot \sin(W2_M) \\ \cos(W1_M) \cdot \cos(W2_M) \\ VZ \cdot \sin(W1_M) \end{bmatrix}$$

<u>Bild 5/3:</u> Inverse Transformationsgleichung für die rotatorischen Maschinenachsen (nach $[\,2\,]$)

c) <u>Inverse Transformationsgleichung der T-Achsen</u>: Im Gegensatz zu
den inversen Transformationsgleichungen der R-Achsen bestehen
unterschiedliche inverse Transformationsgleichungen für die T-Achsen
der einzelnen Bauformen. Die Transformationsgleichungen der T-Achsen wurden für den allgemeinen Fall aufgestellt. Das bedeutet, daß die
Ursprünge der Koordinatensysteme nicht identisch sind, die Schlittenbe-
zugspunkte beliebig gewählt werden können und die beiden R-Achsen sich
nicht schneiden, aber senkrecht aufeinander stehen. Dies wird durch die
Verschiebe- und Verkröpfungsvektoren $\overrightarrow{V1}$ ... $\overrightarrow{V6}$, gegeben im M-System,
berücksichtigt (Bild 5/4).

Zuordnung der Schlittenbezugspunkte	$\overrightarrow{V6}$
Zuordnung von P-System zu M-System	$\overrightarrow{V5}$
Zuordnung der W1-Achse zur W2-Achse	$\overrightarrow{V2}$ bzw. $\overrightarrow{V4}$
Zuordnung von P-System zu W2-Achse	$\overrightarrow{V3}$
Zuordnung von Werkzeugbezugspunkt zu W1-Achse	$\overrightarrow{V1}$
Werkzeuglängenvektor	$\overrightarrow{T}$

<u>Bild 5/4:</u> Verschiebe- und Verkröpfungsvektoren (nach $\lceil 2 \rfloor$)

Um die Unabhängigkeit der inversen Transformationsgleichungen von der
Kombination der R-Achsen zu gewährleisten, müssen die drei Komponenten des Vektors $\overrightarrow{M}$ der T-Achsen allgemeingültig gehalten werden. Die
Bezeichnung der 1. Komponente mit K1, der 2. Komponente mit K2 und
der 3. Komponente mit K3 ermöglicht dies. Die Zuordnung der X-, Y-
und Z-Achse einer Bauform zu den Komponenten von $\overrightarrow{M}$ erfolgt in
Bild 5/5. Die weiteren Untersuchungen erfolgen am Beispiel der Kombination 1. Für sie gilt nach Bild 5/5

$$\overrightarrow{M} = \begin{bmatrix} K1_M \\ K2_M \\ K3_M \end{bmatrix} = \begin{bmatrix} X_M \\ Y_M \\ Z_M \end{bmatrix}$$

Eine andere Kombination der R-Achsen folgt aus den Gleichungen bzw.
Ergebnissen, wenn neben der Variablen VZ (vergl. Punkt a) die Kompo-

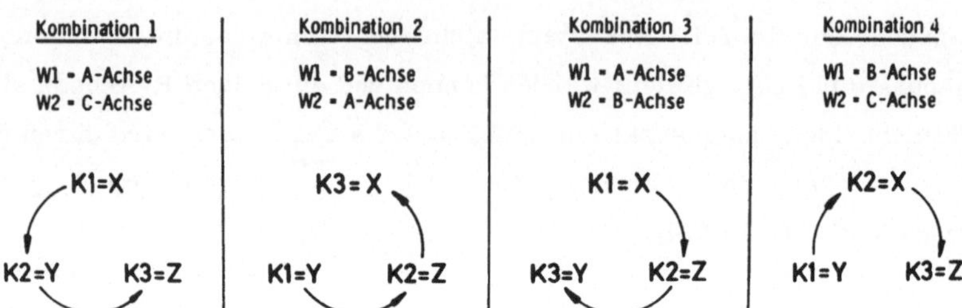

Bild 5/5: Zuordnung der Komponenten des Vektors $\vec{M}$ in Abhängigkeit der Kombination der R-Achsen (nach $[\,2\,]$)

nenten entsprechend Bild 5/5 vertauscht werden. Für eine Fünfachsen-Maschine mit der Kombination 4 ergibt sich somit ein Vertauschen der X- und Y-Werte der Maschine, die Z-Werte bleiben erhalten.

Die Bilder 5/6, 5/7 und 5/8 zeigen für die betrachteten Bauformen (Bauform I, II und III) jeweils den schematischen Aufbau der Bauform sowie die zugehörige inverse Transformationsgleichung der T-Achsen.

5.3 Winkelabweichung der Werkzeugachsrichtung

Die Anwendung der Gleichung (4.5) auf die inverse Transformationsglei-chung für die R-Achsen (Bild 5/3) führt auf

$$\Delta\vec{E} = \begin{bmatrix} V\,Z\cdot\sin(W1_M)\cdot\sin(W2_M) & -V\,Z\cdot\cos(W1_M)\cdot\cos(W2_M) \\ -\sin(W1_M)\cdot\cos(W2_M) & -\cos(W1_M)\cdot\sin(W2_M) \\ V\,Z\cdot\cos(W1_M) & 0 \end{bmatrix} \cdot \begin{bmatrix} \Delta W1_M \\ \Delta W2_M \end{bmatrix} \qquad (5.1)$$

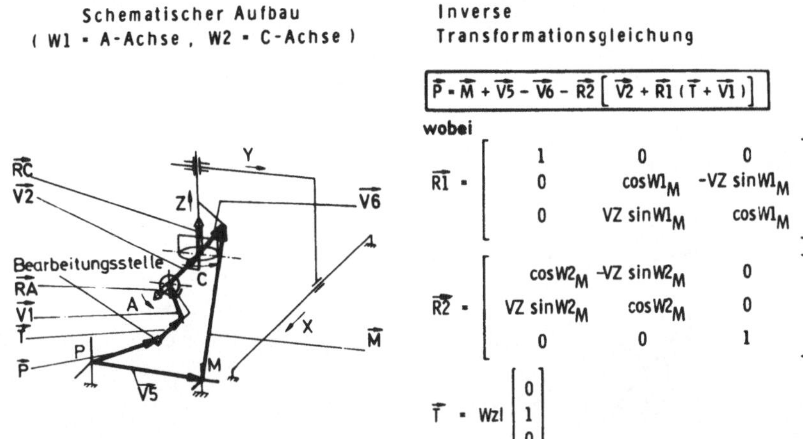

$$\vec{P} = \vec{M} + \vec{V5} - \vec{V6} - \vec{R2}\left[\vec{V2} + \vec{R1}(\vec{T} + \vec{V1})\right]$$

wobei

$$\vec{R1} = \begin{bmatrix} 1 & 0 & 0 \\ 0 & \cos W1_M & -VZ\,\sin W1_M \\ 0 & VZ\,\sin W1_M & \cos W1_M \end{bmatrix}$$

$$\vec{R2} = \begin{bmatrix} \cos W2_M & -VZ\,\sin W2_M & 0 \\ VZ\,\sin W2_M & \cos W2_M & 0 \\ 0 & 0 & 1 \end{bmatrix}$$

$$\vec{T} = Wzl \begin{bmatrix} 0 \\ 1 \\ 0 \end{bmatrix}$$

Bild 5/6: Inverse Transformationsgleichung der T-Achsen, Bauform I (nach $\lceil 2 \rfloor$)

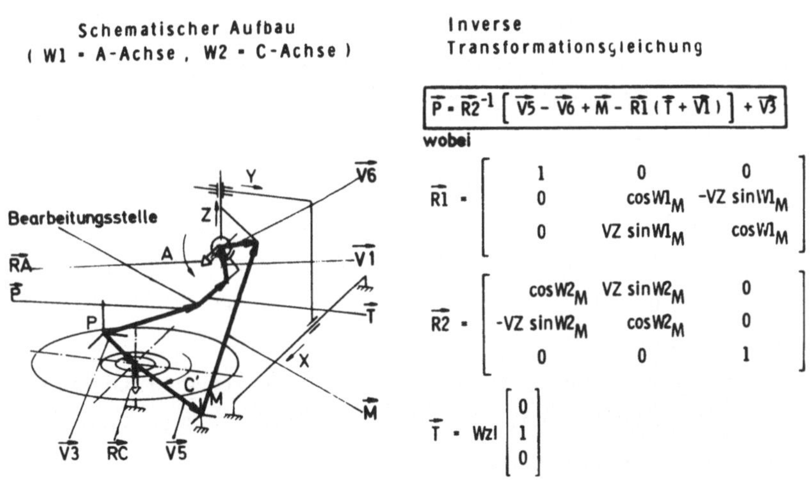

$$\vec{P} = \vec{R2}^{-1}\left[\vec{V5} - \vec{V6} + \vec{M} - \vec{R1}(\vec{T} + \vec{V1})\right] + \vec{V3}$$

wobei

$$\vec{R1} = \begin{bmatrix} 1 & 0 & 0 \\ 0 & \cos W1_M & -VZ\,\sin W1_M \\ 0 & VZ\,\sin W1_M & \cos W1_M \end{bmatrix}$$

$$\vec{R2} = \begin{bmatrix} \cos W2_M & VZ\,\sin W2_M & 0 \\ -VZ\,\sin W2_M & \cos W2_M & 0 \\ 0 & 0 & 1 \end{bmatrix}$$

$$\vec{T} = Wzl \begin{bmatrix} 0 \\ 1 \\ 0 \end{bmatrix}$$

Bild 5/7: Inverse Transformationsgleichung der T-Achsen, Bauform II (nach $\lceil 2 \rfloor$)

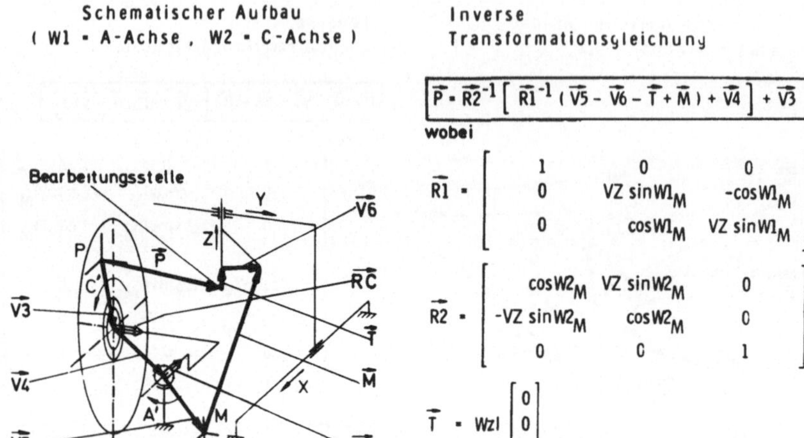

<u>Bild 5/8:</u> Inverse Transformationsgleichung der T-Achsen, Bauform III

(nach $\lceil\ 2\ \rceil$)

Die Gleichung (5. 1) stellt die Besonderheiten der Winkelabweichung $\overrightarrow{\Delta E}$ hervor. Je nach den Positionen der R-Achsen ($W1_M$ und $W2_M$) wirken sich die Fehler in den Positionen der R-Achsen ($\Delta W1_M$ und $\Delta W2_M$) unterschiedlich aus. Für den Fall W1 = A-Achse und W2 = C-Achse zeigt sich:

- Die T-Achsen haben keinen Einfluß auf $\overrightarrow{\Delta E}$, d. h. die Positionen der T-Achsen sind ohne Auswirkung (für alle vier Kombinationen der R-Achsen gültig),

- Sowohl die Positionen der beiden R-Achsen als auch deren Fehler in der Position beeinflussen die Komponenten von $\overrightarrow{\Delta E}$ in Richtung X_P bzw. Y_P (Δi_P bzw. Δj_P),

- Die Komponente in Z_P-Richtung (Δk_P) ist nur von Position und Fehler in der Position der A-Achse abhängig, die Position der C-Achse und deren Fehler in der Position ist ohne Einfluß.

Eine anschaulichere Diskussion der Winkelabweichung $\overrightarrow{\Delta E}$ ist möglich, wenn Gleichung (5. 1) umgeformt wird zu

$$\vec{\Delta E} = \begin{bmatrix} \cos(W2_M) & -VZ\sin(W2_M) & 0 \\ VZ\sin(W2_M) & \cos(W2_M) & 0 \\ 0 & 0 & 1 \end{bmatrix} \cdot \begin{bmatrix} -VZ\cos(W1_M)\,\Delta W2_M \\ -\sin(W1_M)\,\Delta W1_M \\ VZ\cos(W1_M)\cdot\Delta W1_M \end{bmatrix}$$

oder

$$\vec{\Delta E} = \vec{R} \cdot \vec{\Delta E}^{*} \tag{5.2}$$

Geometrisch gesehen bewirkt die Matrix $\vec{R}$ die Drehung des als Basiswinkelabweichung bezeichneten Vektors $\vec{\Delta E}^{*}$ um die W2-Achse. Durch die Drehung bleibt der Betrag der Winkelabweichung $\vec{\Delta E}$ unverändert, er ist also unabhängig von der Position der W2-Achse. Die Drehung bewirkt nur eine Änderung der Komponenten von $\vec{\Delta E}$. Die Basiswinkelabweichung $\vec{\Delta E}^{*}$ resultiert somit nur noch aus der Position der W1-Achse und aus den Fehlern in den Positionen der W1- und W2-Achse.

Werden mit

$$\Delta W_M = \max\left(\Delta W1_M,\ \Delta W2_M\right) \tag{5.3}$$

die Fehler in den Positionen der R-Achsen gleichgesetzt, so wird eine normierte Darstellung von $\vec{\Delta E}$ bzw. $\vec{\Delta E}^{*}$ möglich. Es gilt dann

$$\frac{\vec{\Delta E}^{*}}{\Delta W_M} = \begin{bmatrix} -VZ\cos(W1_M) \\ -\sin(W1_M) \\ VZ\cos(W1_M) \end{bmatrix} \tag{5.4}$$

Die geometrische Deutung des Vektors $\vec{\Delta E}^{*}$ führt auf eine Ellipse mit den Halbachsen ΔW_M und $\sqrt{2}\cdot\Delta W_M$. In Bild 5/9 links ist die Ellipse, d. h. der geometrische Ort der Basiswinkelabweichung $\vec{\Delta E}^{*}$ für den Fall W1 = A-Achse und W2 = C-Achse skizziert. Die Ellipse liegt in einer Ebene, die zur X_P-Y_P-Ebene (bzw. Δi_P-Δj_P-Ebene) unter 45° geneigt ist und senkrecht zur X_P-Z_P-Ebene (bzw. Δi_P-Δk_P-Ebene) steht.

In Verbindung mit der Drehung um die W2-Achse durch die Matrix $\vec{R}$ führt der geometrische Ort der Winkelabweichung $\vec{\Delta E}$ auf einen Kreiszylindermantel mit dem Durchmesser $2\cdot\Delta W_M$ und der Höhe $2\cdot\Delta W_M$

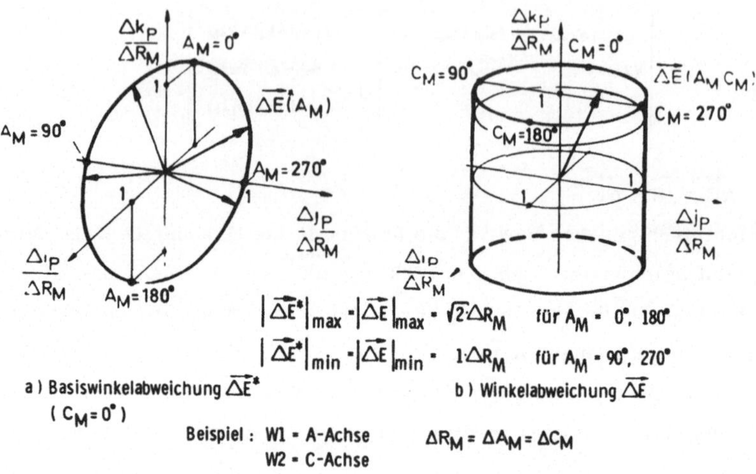

$$\left|\overrightarrow{\Delta E}^*\right|_{max} = \left|\overrightarrow{\Delta E}\right|_{max} = \sqrt{2} \cdot \Delta R_M \quad \text{für } A_M = 0°, 180°$$

$$\left|\overrightarrow{\Delta E}^*\right|_{min} = \left|\overrightarrow{\Delta E}\right|_{min} = 1 \cdot \Delta R_M \quad \text{für } A_M = 90°, 270°$$

Bild 5/9: Winkelabweichung der Werkzeugachsrichtung

(Bild 5/9, rechts). Für den bisher ausgeschlossenen Fall $\Delta W1_M \neq \Delta W2_M$ ergibt sich als geometrischer Ort der Winkelabweichung

- für $\Delta W1_M < \Delta W2_M$ eine konkave und
- für $\Delta W1_M > \Delta W2_M$ eine konvexe

Rotationsfläche um dieselbe Rotationsachse. Beide Flächen werden aber von dem Kreiszylinder, gebildet mit der Gleichung (5.3), umschlossen. Mit der Gleichung (5.3) wird somit der ungünstigste Fall angenommen, d. h. man liegt auf der sicheren Seite.

Der Betrag der Winkelabweichung $\overrightarrow{\Delta E}$ (Gleichung (5.2)) führt unter gleichzeitiger Berücksichtigung von Gleichung (5.3) auf

$$\left|\overrightarrow{\Delta E}^*\right| = \left|\overrightarrow{\Delta E}\right| = \Delta W_M \cdot \sqrt{1 + \cos^2(W1_M)}$$

Der maximale Betrag wird $\left|\overrightarrow{\Delta E}\right|_{max} = \sqrt{2} \cdot \Delta W_M$ für das Winkelwertepaar der beiden R-Achsen $W1_M = 0°$ oder $180°$ und $W2_M = $ beliebig. Der minimale Betrag ergibt sich zu $\left|\overrightarrow{\Delta E}\right|_{min} = \Delta W_M$ für das Winkelwertepaar $W1_M = 90°$ oder $270°$ und $W2_M = $ beliebig. An dieser Stelle soll noch einmal darauf hingewiesen werden, daß die Ergebnisse für die Winkelabweichung $\overrightarrow{\Delta E}$ unabhängig von der Bauform einer Fünfachsen-Maschine sind.

Besondere Bedeutung gewinnt die Winkelabweichung $\overrightarrow{\Delta E}$ in Verbindung mit der räumlichen Ausdehnung des Werkzeugs. Es ergibt sich die zusätzliche Abweichung ΔP_{Fr} (Bild 5/10). Aus der gezeigten Rechentafel kann die jeweils maximale Abweichung abgelesen werden.

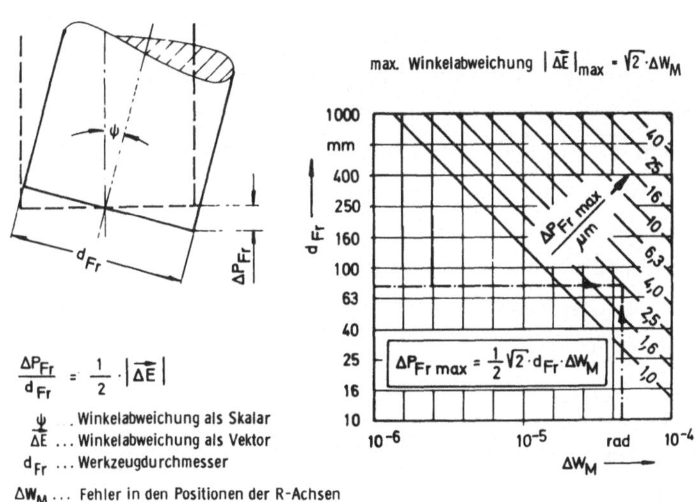

<u>Bild 5/10:</u> Abweichung durch die Winkelabweichung der Werkzeugachse in Verbindung mit der räumlichen Ausdehnung des Werkzeugs

5.4 Positionsabweichung der Werkzeugspitze

Während sich die Winkelabweichung der Werkzeugachse $\overrightarrow{\Delta E}$ unabhängig von einer bestimmten Bauform durch eine Gleichung darstellen und diskutieren läßt, muß bezüglich der Positionsabweichung der Werkzeugspitze $\overrightarrow{\Delta P}$ die Betrachtung für jede Bauform getrennt durchgeführt werden. Es kann jedoch gezeigt werden (Kapitel 5.4.1 und 5.4.2), daß sich $\overrightarrow{\Delta P}$ für

- 60 -

alle Bauformen durch eine Beziehung darstellen läßt, wenn geometrische
Kenngrößen der Maschine zusammengefaß werden (Kapitel 5.4.2).

Das Übertragen von Gleichung (4.6) auf die inversen Transformationsgleichungen der drei Bauformen nach Bild 5/6, 5/7 und 5/8 macht deutlich, wie die Positionsabweichung außer vom Fehler in den Positionen der
fünf Maschinenachsen im Einzelfall noch von verschiedenen Randparame-
tern (Verschiebungen, Verkröpfungen, Werkzeugeinstellänge) und besonders von den aktuellen Positionen der Maschinenachsen abhängt.

Einige Verschiebe- und Verkröpfungsvektoren sind in den partiellen Ab-
leitungen nicht mehr vorhanden. Dies bedeutet, daß sie keinen direkten
Einfluß auf $\vec{\Delta P}$ ausüben (Bild 5/11). Eine indirekte Wirkung dieser Vektoren auf $\vec{\Delta P}$ besteht jedoch über die Positionen der T-Achsen. Zum
Vergleich der Bauformen untereinander werden zunächst die Verschiebe-
und Verkröpfungsvektoren zu Nullvektoren gesetzt. An anderer Stelle
(Kapitel 6.1) wird dann gezeigt, wie sich die von Null verschiedenen Vektoren auswirken.

Bauform / Vektoren	I TTTRR	II TTTR R'	III TTT R'R'
möglich an der Bauform	$\vec{T}, \vec{V1}, \vec{V2}$ $\vec{V5}, \vec{V6}$	$\vec{T}, \vec{V1}, \vec{V3}$ $\vec{V5}, \vec{V6}$	$\vec{T}, \vec{V3}, \vec{V4}$ $\vec{V5}, \vec{V6}$
ohne direkten Einfluß auf die Positionsabweichung der Werkzeugspitze	$\vec{V5}, \vec{V6}$	$\vec{V3}$	$\vec{V3}$
mit direktem Einfluß auf die Positionsabweichung der Werkzeugspitze	$\vec{T}, \vec{V1}, \vec{V2}$	$\vec{T}, \vec{V1}$ $\vec{V5}^{*)}, \vec{V6}^{*)}$	$\vec{V4}$ $\vec{V5}^{*)}, \vec{V6}^{*)}, \vec{T}^{*)}$

*) Diese Vektoren bewirken nur eine Nullpunktverschiebung des M Systems

<u>Bild 5/11:</u> Vektoren mit Einfluß auf die Positionsabweichung der Werk-
zeugspitze

Bild 5/12 zeigt für den Fall W1 = A-Achse und W2 = C-Achse den komplexen Zusammenhang (gegeben durch die Funktionsmatrix $\overrightarrow{F}_P$) zwischen $\overrightarrow{\Delta P}$ und $\overrightarrow{\Delta M}$, wie er sich für die drei Bauformen unter der getroffenen Vereinbarung darstellt. Die Besonderheiten sollen kurz erläutert werden.

Charakteristisch für Bauform I ist:
- Die Position aller drei T-Achsen bleibt ohne Einfluß auf $\overrightarrow{\Delta P}$,
- Die Fehler in den Positionen der T-Achsen wirken sich direkt auf das Werkzeug aus (die entscheidenden Elemente von $\overrightarrow{F}_P$ nach Gleichung (4.6) besitzen den Wert "1").

Als Kennzeichen für Bauform II ergibt sich:
- Nur die Position der Z-Achse bleibt ohne Einfluß auf $\overrightarrow{\Delta P}$,
- Nur der Fehler in der Position der Z-Achse wirkt sich direkt auf das Werkzeug aus, die Fehler in der Position der beiden anderen T-Achsen sind noch mit der Position einer Drehachse verknüpft.

Spezifisch für Bauform III ist:
- Alle drei T-Achsen beeinflussen mit ihrer Position $\overrightarrow{\Delta P}$,
- Die Fehler in den Positionen der T-Achsen wirken sich je nach den Positionen der beiden R-Achsen unterschiedlich aus.

Allen drei Bauformen gemeinsam ist, daß die Fehler in der Position der X- und C-Achse ohne Einfluß auf die Z_P-Komponente von $\overrightarrow{\Delta P}$ bleiben, da die Positionen der X- und C-Achse nicht in der für die Z_P-Komponente maßgebenden dritten Zeile der Funktionsmatrix $\overrightarrow{F}_P$ (Gleichung (4.6)) enthalten sind.

Der Sonderfall der Dreiachsen-Maschine resultiert aus den in Bild 5/12 aufgeführten Beziehungen, wenn entsprechend den Definitionen für die Nullagen der R-Achsen $\lceil 2 \rfloor$ diese die Positionen $A_M = 90^\circ$ und $C_M = 0^\circ$ bei $\Delta A_M = \Delta C_M = 0$ einnehmen.

Positionsabweichung der Werkzeugspitze

$$\overrightarrow{\Delta P} \cdot \begin{bmatrix} \Delta X_P \\ \Delta Y_P \\ \Delta Z_P \end{bmatrix} \qquad \overrightarrow{F}_P \cdot \overrightarrow{\Delta M}$$

Abweichungsvektor in den Maschinenachsen

$$\overrightarrow{\Delta M} = \begin{bmatrix} \Delta X_M \\ \Delta Y_M \\ \Delta Z_M \\ \Delta A_M \\ \Delta C_M \end{bmatrix}$$

Funktionsmatrix $\overrightarrow{F}_P$ (je nach Bauform verschieden)

Bf I: $\overrightarrow{F}_P =$
TTTRR

$$\begin{bmatrix} 1 & 0 & 0 & f_1(A_M, C_M, Wzl) & f_2(A_M, C_M, Wzl) \\ 0 & 1 & 0 & f_3(A_M, C_M, Wzl) & f_4(A_M, C_M, Wzl) \\ 0 & 0 & 1 & f_5(A_M, Wzl) & 0 \end{bmatrix}$$

Bf II: $\overrightarrow{F}_P =$
TTTR R'

$$\begin{bmatrix} g_1(C_M) & g_2(C_M) & 0 & g_3(A_M, C_M, Wzl) & g_4(X_M, Y_M, A_M, C_M, Wzl) \\ g_5(C_M) & g_6(C_M) & 0 & g_7(A_M, C_M, Wzl) & g_8(X_M, Y_M, A_M, C_M, Wzl) \\ 0 & 0 & 1 & g_9(A_M, Wzl) & 0 \end{bmatrix}$$

Bf III: $\overrightarrow{F}_P =$
TTT R'R'

$$\begin{bmatrix} h_1(C_M) & h_2(A_M, C_M) & h_3(A_M, C_M) & h_4(Y_M, Z_M, A_M, C_M, Wzl) & h_5(X_M, Y_M, Z_M, A_M, C_M, Wzl) \\ h_6(C_M) & h_7(A_M, C_M) & h_8(A_M, C_M) & h_9(Y_M, Z_M, A_M, C_M, Wzl) & h_{10}(X_M, Y_M, Z_M, A_M, C_M, Wzl) \\ 0 & h_{11}(A_M) & h_{12}(A_M) & h_{13}(Y_M, Z_M, A_M, Wzl) & 0 \end{bmatrix}$$

X_M, Y_M, Z_M, A_M, C_M … Sollpositionen der Maschinenachsen

ΔX_M, ΔY_M, ΔZ_M, ΔA_M, ΔC_M … Fehler in den Positionen der Maschinenachsen

Wzl … Werkzeugeinstellänge bzw Schwenkradius der A-Achse

Sonderfall : Verkröpfungs- und Verschiebevektoren $\cdot \bar{0}$

W1 $\cdot$ A-Achse,   W2 $\cdot$ C-Achse

f_i, g_h, h_k … transzendente Funktionen

Bild 5/12: Positionsabweichung der Werkzeugspitze in Abhängigkeit von den Positionen der Maschinenachsen und dem Fehler in diesen Positionen

Die Verflechtung zwischen $\overrightarrow{\Delta P}$ und $\overrightarrow{\Delta M}$ wird übersichtlicher, wenn die Trennung in einen Anteil hervorgerufen durch die Fehler in den Positionen der T-Achsen und in einen Anteil hervorgerufen durch die Fehler in den Positionen der R-Achsen durchgeführt wird (gemäß Gleichung (4.7) bzw. (4.8)).

5.4.1 Anteil der Fehler in den Positionen der T-Achsen auf die Positionsabweichung der Werkzeugspitze

Wird die Gleichung (4.7) bzw. (4.8) zugrunde gelegt und die Funktions-matrix $\overrightarrow{F}_{PT}$ zur besseren Übersicht als Produkt zweier Matrizen ange-schrieben, so kann der Anteil durch die Fehler in den Positionen der T-Achsen für alle drei Bauformen durch eine Beziehung angegeben wer-den. Es ist

$$\overrightarrow{\Delta P}_T = \begin{bmatrix} \cos(W2_M) & -VZ\,\sin(W2_M) & 0 \\ VZ\cdot\sin(W2_M) & \cos(W2_M) & 0 \\ 0 & 0 & 1 \end{bmatrix} \cdot \begin{bmatrix} 1 & 0 & 0 \\ 0 & VZ\,\sin(W1_M) & \cos(W1_M) \\ 0 & -\cos(W1_M) & VZ\cdot\sin(W1_M) \end{bmatrix} \cdot \begin{bmatrix} \Delta X_M \\ \Delta Y_M \\ \Delta Z_M \end{bmatrix} \qquad (5.5)$$

Die einzelnen Bauformen sind darin enthalten mit den Winkelwertepaaren

Position der R-Achsen	Bauform		
	I (TTTRR)	II (TTTR R')	III (TTT R'R')
$W1_M$	90°, 270°	90°, 270°	beliebig
$W2_M$	0°, 360°	beliebig	beliebig

Die geometrische Deutung der Gleichung (5.5) erfolgt in Bild 5/13 für den Fall W1 = A-Achse und W2 = C-Achse, wobei der Vektor $\overrightarrow{\Delta P}_T$ auf

$$\Delta T_M = \max(\,\Delta X_M\,,\,\Delta Y_M\,,\,\Delta Z_M\,) \qquad (5.6)$$

bezogen ist. Außerdem werden die Fehler in den Positionen der T-Ach-sen gleich diesem Maximalwert gesetzt, wodurch der ungünstigste Fall betrachtet wird. Bild 5/13 zeigt dabei jeweils nur einen Ausschnitt des geometrischen Ortes von $\overrightarrow{\Delta P}_T$ (nur für positive Werte gezeichnet). Der

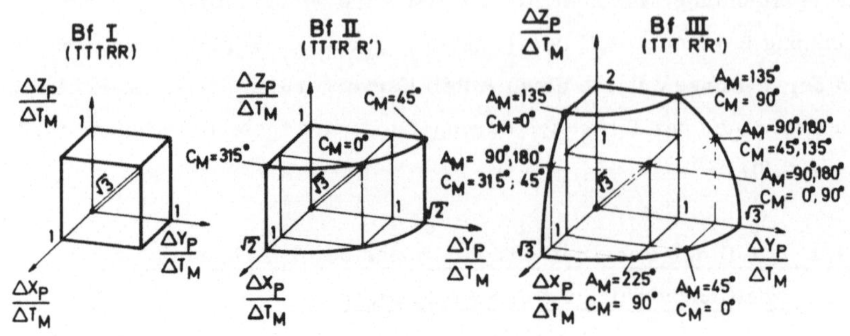

Bild 5/13: Geometrischer Ort von $\overrightarrow{\Delta P_T}$

gesamte geometrische Ort von $\overrightarrow{\Delta P_T}$ liegt symmetrisch zu den Koordinatenachsen.

Bei Bauform I wird das Werkstück von keiner R-Achse getragen, weshalb sich die Fehler in den Positionen der T-Achsen unabhängig von der Position der R-Achsen direkt auf $\overrightarrow{\Delta P_T}$ auswirken. Als geometrischen Ort ergibt sich die Oberfläche eines Würfels mit der Kantenlänge $2 \cdot \Delta T_M$ (Bild 5/13, links) für beliebige Positionen der W1- und W2-Achse.

Das Werkstück wird bei Bauform II von der W2-Achse getragen, d. h. $\overrightarrow{\Delta P_T}$ wird von der Position der W2-Achse beeinflußt. Dagegen ist keine Wirkung der W1-Achse auf $\overrightarrow{\Delta P_T}$ vorhanden. Der geometrische Ort führt bei beliebigen Positionen der W1-Achse auf die Oberfläche eines Kreiszylinders mit dem Durchmesser $2 \cdot \sqrt{2} \cdot \Delta T_M$ und der Höhe $2 \cdot \Delta T_M$ (Bild 5/13, Mitte). Gekennzeichnet sind einige spezielle Positionen der W2-Achse (in Bild 5/13 ist W2 = C-Achse). Für die Position $C_M = 0°$ sind die Abweichungen in X_P-, Y_P- und Z_P-Richtung der Werkzeugspitze jeweils gleich groß. Für die Position $C_M = 45^o$ wird die Abweichung in X_P-Richtung zu Null und die Abweichung in Y_P-Richtung mit $\Delta Y_P = \sqrt{2} \cdot \Delta T_M$ maximal. Für die Position $C_M = 315^o$ ($= -45^o$) wird umgekehrt mit $\Delta X_P = \sqrt{2} \cdot \Delta T_M$ die maximale Abweichung in X_P-Richtung erreicht, während sie in Y_P-Richtung zu Null wird. Die Abweichung in Z_P-Richtung bleibt mit dem Wert ΔT_M konstant für alle Positionen der W1- und W2-Achse.

Bei Bauform III wird das Werkstück sowohl von der W1- als auch von der W2-Achse getragen. Infolgedessen führt der geometrische Ort von $\overrightarrow{\Delta P_T}$ auf die Oberfläche einer Kugelschicht mit einem Kugeldurchmesser von $2 \cdot \sqrt{3} \cdot \Delta T_M$ und einer Schichthöhe von $2 \cdot \sqrt{2} \cdot \Delta T_M$ (Bild 5/13, rechts). Aufgrund der Zweideutigkeit in der Position der R-Achsen $[\,2\,]$ ergibt sich ein Vektor $\overrightarrow{\Delta P_T}$ für zwei unterschiedliche Winkelwertepaare. In Bild 5/13, rechts, sind einige Winkelwertepaare angegeben, die zugehörigen Komponenten des Abweichungsvektors $\overrightarrow{\Delta P_T}$ können aus dem Bild entnommen werden.

Der bisher nicht miteinbezogene Fall $\Delta X_M \neq \Delta Y_M \neq \Delta Z_M$ ergibt bei den drei Bauformen als geometrischen Ort die Oberfläche von Körpern, die von den jeweiligen geometrischen Orten, gebildet mit der Gleichung (5.6) umschlossen werden. Somit stellen die geometrischen Orte in Bild 5/13 den für eine Bauform jeweils ungünstigsten Fall dar.

Der maximale Betrag von $\overrightarrow{\Delta P_T}$ führt bei allen drei Bauformen auf denselben Wert. Es ist

$$\left|\overrightarrow{\Delta P_T}\right|_{max} = \sqrt{3} \cdot \Delta T_M$$

Das Nomogramm in Bild 5/14 erlaubt, den maximalen Anteil des Fehlers in den Positionen der T-Achsen auf die Positionsabweichung der Werkzeugspitze zu bestimmen.

An der Bauform I ist jedoch $\left|\overrightarrow{\Delta P_T}\right|_{max}$ nur in einer endlichen Zahl von

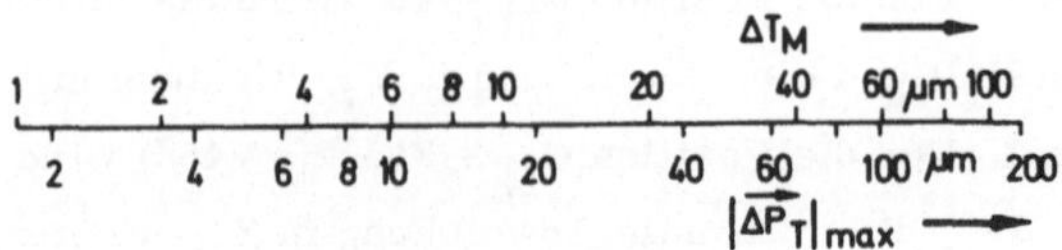

Bild 5/14: Nomogramm zur Bestimmung des max. Anteils des Fehlers in der Position der T-Achsen auf die Positionsabweichung der Werkzeugspitze

Fällen möglich. Es sind dies die Fälle, bei denen der Vektor $\overrightarrow{\Delta P}_T$ in den Würfelecken endet. Bei Bauform II sind dagegen entsprechend der beliebigen Position der W2-Achse unendlich viele Möglichkeiten gegeben. Die Vektoren enden hier auf den beiden Stirnseiten des Zylindermantels gemäß den ungünstigsten Positionen der W1-Achse ($W1_M = 90^\circ$ oder 270°). Für Bauform III ergibt sich ebenfalls eine unendliche Anzahl von Fällen mit $\left|\overrightarrow{\Delta P}_T\right|_{max}$, wobei zu der beliebigen Position der W1-Achse noch die beliebige Position der W2-Achse hinzukommt. Somit führt bei Bauform III die gesamte Kugelschichtoberfläche auf den maximalen Betrag des Vektors $\overrightarrow{\Delta P}_T$.

5.4.2 Anteil der Fehler in den Positionen der R-Achsen auf die Positionsabweichung der Werkzeugspitze

Während sich für den geometrischen Ort von $\overrightarrow{\Delta P}_T$ nur die Art der Bauform als maßgebend herausstellte, muß für $\overrightarrow{\Delta P}_R$ zusätzlich noch der Aufbau innerhalb der Bauform, insbesondere die Verschiebe- und Verkröpfungsvektoren, mitberücksichtigt werden. Der Anteil $\overrightarrow{\Delta P}_R$ kann für alle drei Bauformen jedoch ebenfalls durch nur eine Gleichung angegeben werden, wenn bauformspezifische Größen, hier Bauformkoeffizienten genannt, zu Hilfe genommen werden. Dabei erweist sich die Zusammenfassung mehrerer geometrischer Kenngrößen als vorteilhaft, da die Zahl der zu betrachtenden Einflußparameter erheblich reduziert werden kann. Außerdem bietet sich damit die Möglichkeit, Einfluß und Auswirkung der bisher zu Nullvektoren gesetzten Verschiebe- und Verkröpfungsvektoren zu erkennen.

Bauformkoeffizient \ Bauform	I TTTRR	II TTTR R'	III TTT R'R'
α	Wzl + Y1	Wzl + Y1	$-(Z5 - Z6 - Wzl + Z_M)$
β	Z1	Z1	$Y5 - Y6 + Y_M$
γ	X1 + X2	$X1 - (X5 - X6 + X_M)$	$-(X4 + X5 - X6 + X_M)$
δ	Y2	$-(Y5 - Y6 + Y_M)$	- Y4

$$\vec{V1} = \begin{bmatrix} X1 \\ Y1 \\ Z1 \end{bmatrix} \quad \vec{V2} = \begin{bmatrix} X2 \\ Y2 \\ Z2 \end{bmatrix} \quad \vec{V4} = \begin{bmatrix} X4 \\ Y4 \\ Z4 \end{bmatrix} \quad \vec{V5} = \begin{bmatrix} X5 \\ Y5 \\ Z5 \end{bmatrix} \quad \vec{V6} = \begin{bmatrix} X6 \\ Y6 \\ Z6 \end{bmatrix}$$

$$\vec{M} = \begin{bmatrix} X_M \\ Y_M \\ Z_M \end{bmatrix}$$

Wzl... Werkzeugeinstellänge

Bild 5/15: Bauformkoeffizienten der betrachteten drei Bauformen

Die Koeffizienten sind in Bild 5/15 zusammengefaßt. Sie enthalten die Komponenten der einzelnen Verschiebe- und Verkröpfungsvektoren sowie die Werkzeugeinstellänge. Außerdem ist in ihnen die augenblickliche Position der T-Achsen berücksichtigt. Die Komponenten der Vektoren sind richtungsbehaftet und müssen mit entsprechendem Vorzeichen versehen angegeben werden. Bei Bauform I sind die Koeffizienten konstant, während sie für Bauform II und III entsprechend den Positionen der T-Achsen (gegeben durch den Vektor $\vec{M}$) teilweise veränderliche Werte einnehmen.

Gemäß Gleichung (4.7) bzw. (4.8) kann hergeleitet werden, daß für den Anteil der Fehler in den Positionen der R-Achsen gilt

$$\overrightarrow{\Delta P}_R = \begin{bmatrix} \cos(W2_M) & -VZ\,\sin(W2_M) & 0 \\ VZ\cdot\sin(W2_M) & \cos(W2_M) & 0 \\ 0 & 0 & 1 \end{bmatrix} \cdot \begin{bmatrix} [VZ\,\delta + VZ\cdot\alpha\,\cos(W1_M) - \beta\sin(W1_M)]\cdot\Delta W2_M \\ [\alpha\cdot\sin(W1_M) + VZ\cdot\beta\,\cos(W1_M)]\cdot\Delta W1_M - VZ\cdot\gamma\cdot\Delta W2_M \\ [-VZ\cdot\alpha\,\cos(W1_M) + \beta\cdot\sin(W1_M)]\cdot\Delta W1_M \end{bmatrix}$$

oder

$$\overrightarrow{\Delta P}_R = \begin{bmatrix} \cos(W2_M) & -VZ\,\sin(W2_M) & 0 \\ VZ\,\sin(W2_M) & \cos(W2_M) & 0 \\ 0 & 0 & 1 \end{bmatrix} \cdot \begin{bmatrix} VZ\cdot\delta\cdot\Delta W2_M + A_k\cdot\Delta W2_M\,\sin(W1_M + \varphi_{k1}) \\ -VZ\cdot\gamma\cdot\Delta W2_M + A_k\cdot\Delta W1_M\,\sin(W1_M + \varphi_{k2}) \\ A_k\cdot\Delta W1_M\,\sin(W1_M + \varphi_{k1}) \end{bmatrix} \qquad (5.7)$$

oder

$$\overrightarrow{\Delta P}_R = \overrightarrow{R}\cdot\overrightarrow{\Delta P}_R{}^{*} \qquad (5.8)$$

wobei

$$A_k = \sqrt{\alpha^2 + \beta^2}$$

$$\tan\varphi_{k1} = -VZ\,\frac{\alpha}{\beta}$$

$$\tan\varphi_{k2} = VZ\,\frac{\beta}{\alpha}$$

Gleichung (5.7) macht die Verflechtung zwischen den Komponenten des als Basispositionsabweichung bezeichneten Vektors $\overrightarrow{\Delta P}_R{}^{*}$ aufgrund der Fehler in den Positionen der R-Achsen deutlich. Alle drei Komponenten ergeben sich zu sinusoidalen Funktionen $\lfloor\,33\,\rfloor$, die sich über der Änderung des Winkels $W1_M$ als harmonische Schwingung darstellen lassen.

Die Z-Komponente von $\overrightarrow{\Delta P}_R{}^{*}$ wird ausschließlich durch die Koeffizienten α und β bestimmt. Die Extremwerte (betragsmäßig gleiche Maxima und Minima) treten bei zwei Positionen der W1-Achse auf, welche sich um die Winkeldifferenz von 180° unterscheiden. Die X- und Y-Komponente von $\overrightarrow{\Delta P}_R{}^{*}$ besitzen dieselbe Struktur; einem von $W1_M$ abhängigen Anteil ist jedoch noch ein konstanter Beitrag überlagert. Die Extremwerte der beiden Komponenten finden sich jeweils bei zwei Winkelpositionen, deren

Differenz ebenfalls 180° beträgt.

Da die Abweichung $\overrightarrow{\Delta P_R}$ denselben äußeren Aufbau hat wie die Winkelabweichung $\overrightarrow{\Delta E}$ nach Gleichung (5.2), kann die geometrische Deutung von Gleichung (5.8) analog dazu erfolgen. $\overrightarrow{\Delta P_R}^{*}$ ergibt mit der Gleichung (5.3) als geometrischen Ort einen geschlossenen räumlichen Kurvenzug. Durch Rotation, d. h. durch Multiplikation , mit der Matrix $\overrightarrow{R}$ erweitert sich der Kurvenzug zu der Oberfläche eines Rotationskörpers. Die daraus resultierende Oberfläche stellt den geometrischen Ort von $\overrightarrow{\Delta P_R}$ dar.

In allgemeiner Form (analog wie bei $\overrightarrow{\Delta P_T}$) kann der geometrische Ort von $\overrightarrow{\Delta P_R}$ wegen des Einflusses der T-Achsen nicht skizziert werden. Er kann jedoch beschrieben werden mittels der in Bild 5/16 angegebenen Kenngrößen. Der Durchmesser d_R der Rotationsfläche resultiert aus der X- und Y-Komponente von $\overrightarrow{\Delta P_R}^{*}$, die Höhe h_R ergibt sich aus der Z-Komponente. Die Kenngrößen führen ebenfalls auf Funktionen, die als harmoni-

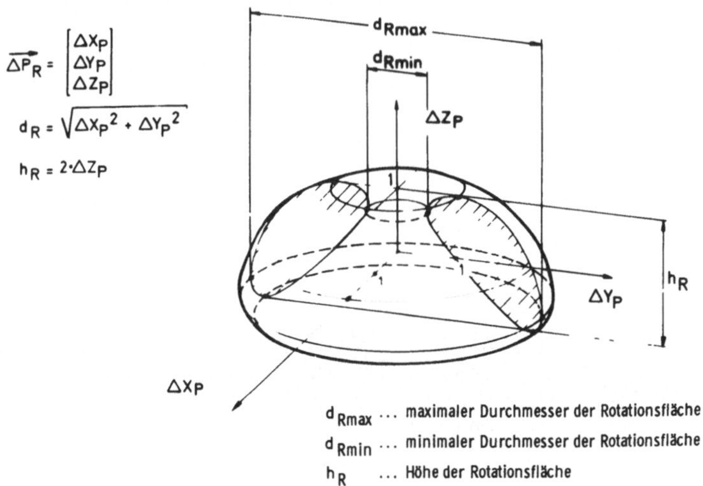

d$_{Rmax}$ ... maximaler Durchmesser der Rotationsfläche
d$_{Rmin}$ ... minimaler Durchmesser der Rotationsfläche
h$_R$ ... Höhe der Rotationsfläche

Bild 5/16: Kenngrößen des geometrischen Ortes von $\overrightarrow{\Delta P_R}$ (I)

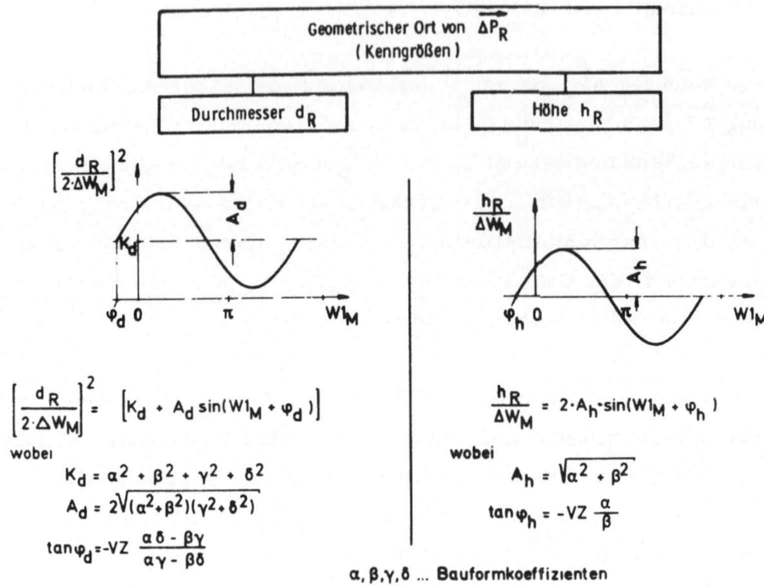

$$\left[\frac{d_R}{2\cdot\Delta W_M}\right]^2 = \left[K_d + A_d \sin(W1_M + \varphi_d)\right]$$

wobei

$$K_d = \alpha^2 + \beta^2 + \gamma^2 + \delta^2$$

$$A_d = 2\sqrt{(\alpha^2+\beta^2)(\gamma^2+\delta^2)}$$

$$\tan\varphi_d = -VZ\ \frac{\alpha\delta - \beta\gamma}{\alpha\gamma - \beta\delta}$$

$$\frac{h_R}{\Delta W_M} = 2\cdot A_h\cdot\sin(W1_M + \varphi_h)$$

wobei

$$A_h = \sqrt{\alpha^2 + \beta^2}$$

$$\tan\varphi_h = -VZ\ \frac{\alpha}{\beta}$$

$\alpha, \beta, \gamma, \delta \dots$ Bauformkoeffizienten

Bild 5/17: Kenngrößen des geometrischen Ortes von $\overrightarrow{\Delta P_R}$ (II)

sche Schwingung dargestellt werden können. Es gelten die in Bild 5/17 angegebenen Gleichungen.

Bezüglich der Höhe h_R der Rotationsfläche gilt das bei der Z-Komponente von $\overrightarrow{\Delta P_R}^{*}$ Gesagte (Extremwerte, Lage der Extremwerte). Für die Extremwerte des Durchmessers d_R (Bild 5/17, links) läßt sich je nach dem Verhältnis K_d/A_d angeben:

$\dfrac{K_d}{A_d}$	$\left[\dfrac{d_{Rmax}}{2\triangle W_M}\right]^2$	$\left[\dfrac{d_{Rmin}}{2\triangle W_M}\right]^2$
1	$2\,A_d$	0
>1	$K_d + A_d$	$K_d - A_d$

Das Verhältnis $K_d/A_d < 1$ kann nicht auftreten, da stets gilt

$$\left[(\alpha^2 + \beta^2) - (\gamma^2 + \delta^2)\right]^2 \geqq 0$$

und somit auch $K_d^{\,2} \leqq A_d^{\,2}$. Die beiden Extremwerte des Durchmessers treten bei Positionen der W1-Achse auf, die sich ebenfalls um die Winkeldifferenz von 180° unterscheiden.

Ein Beispiel des geometrischen Ortes von $\overrightarrow{\Delta P}_R$ für $K_d / A_d = 1$ ist für Bauform III in Bild 5/18 skizziert. Die schraffierte Fläche gibt den Querschnitt des Rotationskörpers an. Außerdem sind einige Winkelwertepaare von $W1_M$ und $W2_M$ angegeben, für die die zugehörigen Komponenten von $\overrightarrow{\Delta P}_R$ entnommen werden können. Bild 5/19 zeigt den geometrischen Ort von $\overrightarrow{\Delta P}_R$ für $K_d / A_d > 1$ am Beispiel der Bauform II. Der maximale und minimale Durchmesser fallen zusammen, wenn gilt: $\alpha = 0$ und $\beta = 0$ oder $\gamma = 0$ und $\delta = 0$. In diesem Fall ist die Position der W1-Achse ohne Bedeutung auf den Durchmesser der Rotationsfläche. Bild 5/20 zeigt eine solche Möglichkeit am Beispiel der Bauform I.

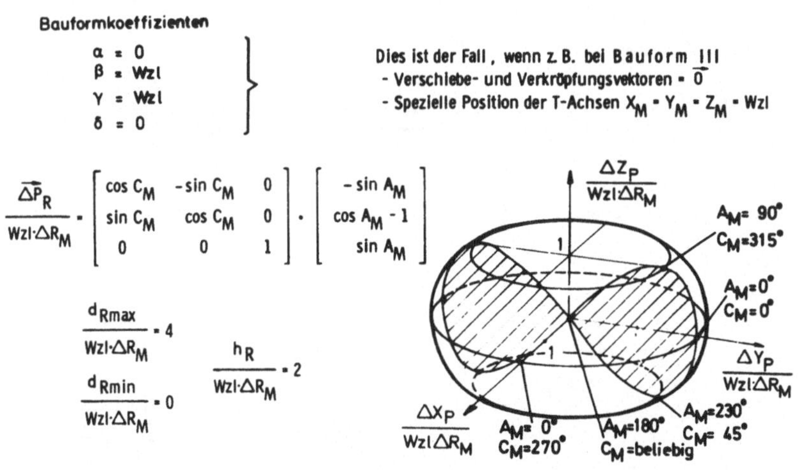

Bild 5/18: Geometrischer Ort von $\overrightarrow{\Delta P}_R$, Beispiel ($d_{R\,max} > 0$, $d_{R\,min} = 0$)

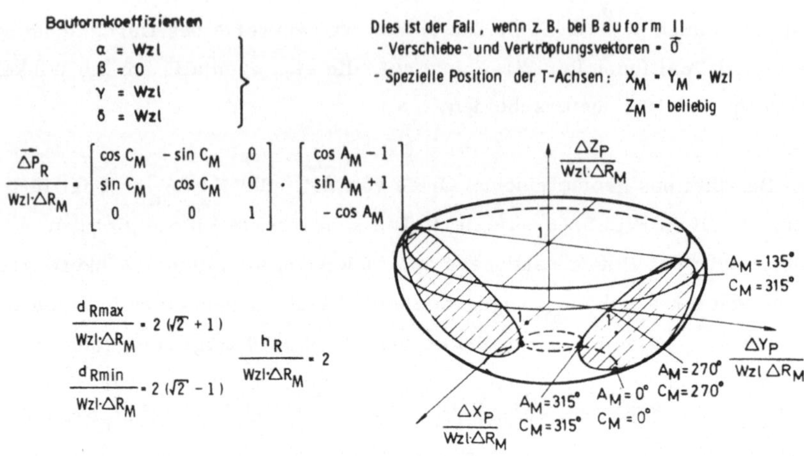

$$\frac{\vec{\Delta P_R}}{Wzl \cdot \Delta R_M} = \begin{bmatrix} \cos C_M & -\sin C_M & 0 \\ \sin C_M & \cos C_M & 0 \\ 0 & 0 & 1 \end{bmatrix} \cdot \begin{bmatrix} \cos A_M - 1 \\ \sin A_M + 1 \\ -\cos A_M \end{bmatrix}$$

$$\frac{d_{Rmax}}{Wzl \cdot \Delta R_M} = 2\,(\sqrt{2} + 1)$$

$$\frac{d_{Rmin}}{Wzl \cdot \Delta R_M} = 2\,(\sqrt{2} - 1)$$

$$\frac{h_R}{Wzl \cdot \Delta R_M} = 2$$

Bild 5/19: Geometrischer Ort von $\vec{\Delta P_R}$, Beispiel ($d_{R\,max} > 0$, $d_{R\,min} > 0$)

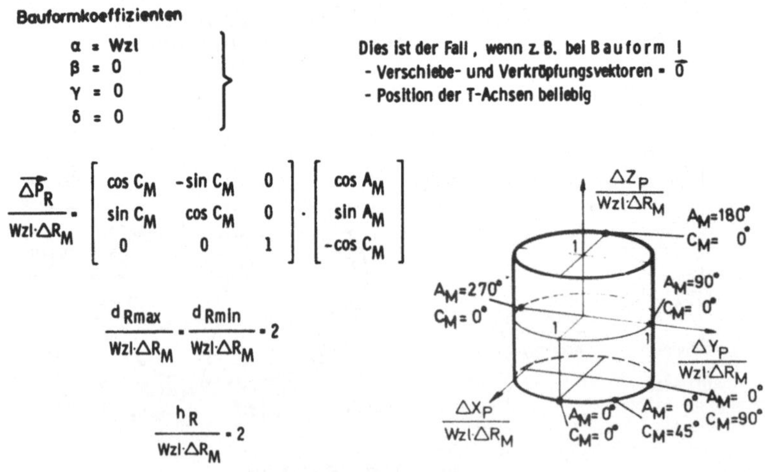

$$\frac{\vec{\Delta P_R}}{Wzl \cdot \Delta R_M} = \begin{bmatrix} \cos C_M & -\sin C_M & 0 \\ \sin C_M & \cos C_M & 0 \\ 0 & 0 & 1 \end{bmatrix} \cdot \begin{bmatrix} \cos A_M \\ \sin A_M \\ -\cos C_M \end{bmatrix}$$

$$\frac{d_{Rmax}}{Wzl \cdot \Delta R_M} = \frac{d_{Rmin}}{Wzl \cdot \Delta R_M} = 2$$

$$\frac{h_R}{Wzl \cdot \Delta R_M} = 2$$

Bild 5/20: Geometrischer Ort von $\vec{\Delta P_R}$, Beispiel ($d_{R\,max} = d_{R\,min}$)

Die Verkleinerung eines Bauformkoeffizienten ergibt insgesamt eine Verkleinerung der Kenngrößen d_R und h_R. Dies folgt in beiden Fällen aus der Verkleinerung der Schwingungsamplitude A_d bzw. A_h, sowie bei d_R noch zusätzlich aus der Verminderung des konstanten Anteils K_d. Diese Erkenntnis hat besondere Bedeutung in bezug auf die Verfahrbereiche in den T-Achsen bei Bauform II und III. Bei großen Verfahrbereichen in den T-Achsen führen Positionen in den äußersten Eckpunkten des Verfahrbereiches auch zu einem großen d_R bzw. h_R.

Die Koeffizienten α, β, γ und δ üben jeweils denselben Einfluß aus. Es läßt sich keine Rangordnung unter den Koeffizienten angeben, da alle gleichberechtigt sind. Es kann also kein Bauformkoeffizient genannt werden, der sich bei einer Änderung besonders günstig oder ungünstig auf den geometrischen Ort auswirkt. Man kann aber festhalten, daß die Koeffizienten α und β sowohl auf den Durchmesser als auch auf die Höhe der Rotationsfläche einwirken, die Koeffizienten γ und δ dagegen nur auf den Durchmesser. Näheres über die Auswirkung der Bauformkoeffizienten in Kapitel 6.1.

Die von der Kombination der R-Achse abhängende Variable VZ ist in ihrer Wirkung auf den geometrischen Ort von $\overrightarrow{\Delta P}_R$ unwesentlich. Sie bewirkt eine Vorzeichenumkehr in der Phasenverschiebung φ_d bzw. φ_h. Die Variable VZ zeigt nur, daß sich z. B. die Extremwerte zu einer anderen Position der W1-Achse verschieben. Damit läßt sich auch feststellen, daß es allgemein keine ausgesuchte Position der W1-Achse gibt, welche auch für verschiedene Bauformkoeffizienten immer einen kleinen geometrischen Ort von $\overrightarrow{\Delta P}_R$ ergeben würde.

5.4.3 Überlagerung der Anteile der Fehler in den Positionen der T- und R-Achsen zu der Positionsabweichung der Werkzeugspitze

Nach Gleichung (4.8) setzt sich die Positionsabweichung der Werkzeug-spitze $\overrightarrow{\Delta P}$ zusammen aus einem Anteil durch die Fehler in den Positio-nen der T-Achsen $\overrightarrow{\Delta P_T}$ und einem Anteil durch die Fehler in den Posi-tionen der R-Achsen $\overrightarrow{\Delta P_R}$. Beide Anteile werden vektoriell addiert. Am Beispiel der Bauform I zeigt Bild 5/21 (nur für positive Werte gezeich-net) die Überlagerung beider Anteile (Bild 5/13, links und Bild 5/20), wobei die jeweiligen Bezugsgrößen gleichgesetzt werden: ΔT_M = Wzl $\cdot \Delta R_M$ = ΔM. Der in Bild 5/21 gezeichnete geometrische Ort stellt den ungünstigsten Fall dar. Es besteht durchaus die Möglichkeit, daß die beiden vektoriellen Abweichungsanteile $\overrightarrow{\Delta P_T}$ und $\overrightarrow{\Delta P_R}$ entgegengesetzt gerichtet sind und sich infolgedessen in ihrer Wirkung reduzieren und u. U. sogar gegenseitig aufheben.

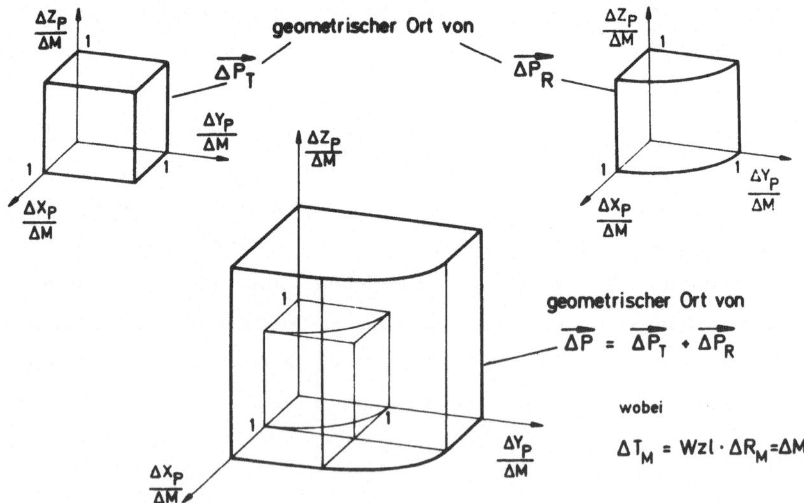

Bild 5/21: Positionsabweichung der Werkzeugspitze durch die Fehler in den Positionen der T- und R-Achsen (Bauform I, W1 = A-Ach-se, W2 = C-Achse)

5.5 Bewertung der Fehler in den Positionen der Maschinenachsen

Die Fehler in den Positionen der T-Achsen - ΔX_M, ΔY_M, ΔZ_M bzw.
allgemein ΔT_M - lassen sich als gleichwertig bezeichnen (Gleichung
(5.5)), obwohl sich bei den Bauformen, wie in Bild 5/13 gezeigt, andere
geometrische Orte von $\overrightarrow{\Delta P_T}$ und damit verschiedene Abweichungen ergeben.

Die Fehler in den Positionen der beiden R-Achsen - $\Delta W1_M$ und $\Delta W2_M$ -
sind jedoch unterschiedlich zu bewerten. Sowohl die Gleichung für $\overrightarrow{\Delta E}$
(5.2) als auch die Gleichung für $\overrightarrow{\Delta P_R}$ (5.7) zeigen: Nur der Fehler in
den Positionen der W1-Achse wirkt auf die Höhe der sich als geometri-
schen Ort der jeweiligen Abweichung ergebenden Rotationsfläche. Der
Durchmesser der Rotationsfläche dagegen folgt aus $\Delta W1_M$ und $\Delta W2_M$.
Es läßt sich also feststellen:

- $\Delta W1_M$ wirkt zweifach (Höhe und Durchmesser),
- $\Delta W2_M$ wirkt einfach (nur Durchmesser).

Um geringe Abweichungen des Werkzeugs zu erhalten, läßt sich neben
der trivialen Forderung nach möglichst kleinen Werten für ΔT_M und ΔW_M
als weitere Forderung angeben: $\Delta W1_M \leqq \Delta W2_M$. Die "Güte" einer
Fünfachsen-Maschine richtet sich dabei, wie gezeigt werden konnte, nach
der schlechtesten T- bzw. R-Achse. Dies trifft besonders für die Bauform III zu. Hier kann sich z. B. eine schlechte Positioniergenauigkeit
$\lfloor 6 \rfloor$ der X-Achse nicht allein auf die Abweichung des Werkzeugs in X_P-
Richtung auswirken, sondern durch die Drehbewegung der beiden R-Achsen in gleichem Maße auch in Y_P- und Z_P-Richtung (Bild 5/13, rechts).

6 Folgerungen aus der theoretischen Betrachtung und Anregungen für den Aufbau und Einsatz ausgesuchter Bauformen von Fünfachsen-Maschinen

6.1 Auswirkungen des geometrischen Aufbaus innerhalb der Bauform

Die bisherigen Ausführungen haben die Wirkung der Fehler in den Positionen der Maschinenachsen auf die Abweichung des Werkzeugs aufgezeigt. Die folgende Aufstellung faßt die wichtigsten Ergebnisse zusammen.

1) Die Abweichung von der Richtung der Werkzeugachse $\overrightarrow{\Delta E}$ ist für alle Bauformen gleich. Eine Verkleinerung von $\overrightarrow{\Delta E}$ ist nur durch geringe Fehler in der Position der R-Achsen gegeben, d. h. ΔW_M klein halten.

2) Die Abweichung in der Position der Werkzeugspitze $\overrightarrow{\Delta P}$ kann in die Anteile $\overrightarrow{\Delta P_T}$ (durch Fehler in den Positionen der T-Achsen) und $\overrightarrow{\Delta P_R}$ (durch Fehler in den Positionen der R-Achsen) aufgespalten werden.
   - $\overrightarrow{\Delta P_T}$ ist bauformspezifisch und unabhängig von der maßlichen Zuordnung der Maschinenachsen zueinander,
   - $\overrightarrow{\Delta P_R}$ ist abhängig von der Bauform und von der maßlichen Zuordnung der Maschinenachsen zueinander sowie je nach Bauform noch zusätzlich von der Position der Maschinenachsen.

Eine Verkleinerung von $\overrightarrow{\Delta P}$ ist sowohl durch geringe Fehler in den Positionen der T- und R-Achsen als auch durch eine geeignete maßliche Zuordnung der Maschinenachsen zueinander möglich.

Die kurze Aufstellung zeigt, daß die einer Fünfachsen-Maschine eigenen Abweichungen nur über $\overrightarrow{\Delta P_R}$ durch den inneren geometrischen Aufbau der Bauform entscheidend verringert werden können. Für diesbezügliche Untersuchungen genügt nach Gleichung (5.7) allein die Betrachtung von $\overrightarrow{\Delta P_R}^{*}$, d. h. der Einfluß der W2-Achse ist unwesentlich. Die Auswirkung des geometrischen Aufbaus kann übersichtlich durch den Betrag von

$\overrightarrow{\Delta P_R}{}^{*}$ bzw. $\overrightarrow{\Delta P_R}$ kontrolliert werden. Zudem gestattet diese Größe eine einfache Darstellung.

6.1.1 Auswirkungen auf den Betrag der Abweichung

Der Betrag der Abweichung $|\overrightarrow{\Delta P_R}|$ ($=|\overrightarrow{\Delta P_R}{}^{*}|$) bestimmt sich aus Gleichung (5.7) in Abhängigkeit von

- Kombination der R-Achsen (VZ, Kapitel 5.2),
- Bauformkoeffizienten (α, β, γ, δ, Kapitel 5.4.2),
- Position der W1-Achse ($W1_M$, Kapitel 5.2) und
- Fehler in den Positionen der R-Achsen (ΔW_M, Gleichung (5.3)).

Als weitere wichtige Einflußparameter erweisen sich

- Größe des Arbeitsbereiches der W1-Achse und
- Lage des Arbeitsbereiches der W1-Achse.

Die zu berücksichtigende Zahl der Variablen kann durch Normierung auf den Bauformkoeffizienten α und auf ΔW_M (Gleichung (5.3)) reduziert werden, die Zahl der Einflußgrößen auf $|\overrightarrow{\Delta P_R}|$ bleibt durch diese Maßnahme jedoch erhalten. Somit gilt

$$\frac{\overrightarrow{\Delta P_R}{}^{*}}{\alpha \cdot \Delta W_M} = \begin{bmatrix} VZ\frac{\delta}{\alpha} + VZ \cos W1_M - \frac{\beta}{\alpha}\sin W1_M \\ -VZ\frac{\gamma}{\alpha} + \sin W1_M + VZ\frac{\beta}{\alpha}\cos W1_M \\ -VZ \cos W1_M + \frac{\beta}{\alpha}\sin W1_M \end{bmatrix} \qquad (6.1)$$

Um alle möglichen geometrischen Eigenheiten der drei Bauformen zu erfassen, wird die folgende Untersuchung bezüglich des Betrages der Abweichung $|\overrightarrow{\Delta P_R}|$ allgemein gehalten. Die Ergebnisse orientieren sich deshalb ganz an den eingeführten Bauformkoeffizienten. Wegen der Bedeutung der Bauformkoeffizienten sollen diese noch einmal kurz erläutert werden: Sie sind im M-System definiert und berücksichtigen (vergl. Bild 5/15 sowie Bild 5/4, 5/6, 5/7 und 5/8)

- den geometrischen Aufbau einer Fünfachsen-Maschine ($\overrightarrow{V1} \dots \overrightarrow{V6}$),
- die Werkzeugeinstellänge ($\overrightarrow{T}$) und

- je nach Bauform die Positionen der T-Achsen ($\overrightarrow{M}$)

(In Klammern sind Vektoren genannt, die entsprechende Größen berücksichtigen).

Bild 6/1 zeigt Linien gleichen maximalen Betrages der Abweichung aufgrund des Fehlers in den Positionen der R-Achsen in Abhängigkeit der
Bauformkoeffizienten. Der Arbeitsbereich der W1-Achse beträgt 360°.
Die Kombination der R-Achsen ist dabei durch VZ = +1 festgelegt. Für
VZ = -1 ergeben sich die einzelnen Punkte einer Kurve punktsymmetrisch
zum Ursprung des Diagramms. Die folgenden Erläuterungen können sich
deshalb auf VZ = + 1 beschränken. Der kleinste maximale Betrag der Abweichung ergibt sich zu

$$\left[\left|\frac{\overrightarrow{\Delta P_R}}{\alpha \cdot \Delta W_M}\right|_{max}\right]_{min} = \sqrt{2} \quad \text{für } \frac{\beta}{\alpha} = \frac{\gamma}{\alpha} = \frac{\delta}{\alpha} = 0 \qquad \text{(Vergl. Bild 5/20)}$$

Größer werdende Koeffizienten führen auch zu einem größeren Betrag
der Abweichung $\left|\overrightarrow{\Delta P_R}\right|$.

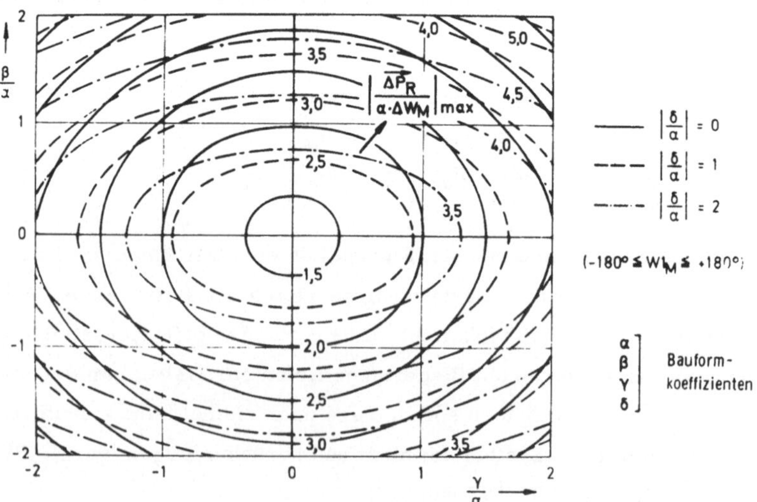

Bild 6/1: Linien mit gleichem maximalen Betrag der Abweichung
$\left|\overrightarrow{\Delta P_R}\right|_{max}$

Eine große Dichte (d. h. kleine Abstände) der Linien für $\frac{\delta}{\alpha}$ = konstant deutet auf eine starke Änderung des maximalen Betrages der Abweichung hin, d. h. selbst geringe Änderungen eines Bauformkoeffizienten bewirken eine große Änderung des maximalen Betrages der Abweichung. Die Werte der Abweichung $|\overrightarrow{\Delta P_R}|_{max}$ für $\frac{\beta}{\alpha} = \frac{\gamma}{\alpha} = 0$ sind in Bild 6/1 explizit nicht angegeben. Dazu folgende Tabelle:

$\left\|\frac{\delta}{\alpha}\right\|$ $(\frac{\beta}{\alpha} = \frac{\gamma}{\alpha} = 0)$	0	1	2
$\left\|\dfrac{\overrightarrow{\Delta P_R}}{\alpha \cdot \Delta W_M}\right\|_{max}$	1,41	2,24	3,16

Besondere Bedeutung gewinnt Bild 6/1, wenn eine bestimmte Abweichung am Werkstück (bzw. Abweichung des Werkzeugs) ΔF_{max} nicht überschritten werden soll. Es stellt sich in diesem Zusammenhang die Frage nach dem zulässigen Verfahrbereich der T-Achsen bzw. nach den zulässigen Bauformkoeffizienten.

Für den ungünstigsten Fall gilt

$$\Delta F_{max} = |\overrightarrow{\Delta P_T}|_{max} + |\overrightarrow{\Delta P_R}|_{max} + \Delta P_{Fr\ max}$$

oder

$$|\overrightarrow{\Delta P_R}|_{max} = \Delta F_{max} - |\overrightarrow{\Delta P_T}|_{max} - P_{Fr\ max} \tag{6.2}$$

Die Bauformkoeffizienten bzw. die Positionen der T-Achsen sind in $\overrightarrow{\Delta P_R}$ berücksichtigt. In Gleichung (6.2) wird

- ΔF_{max} als maximale Abweichung zugelassen,
- $|\overrightarrow{\Delta P_T}|_{max}$ bestimmt mit Hilfe des Nomogramms in Bild 5/14 als Funktion des Fehlers in den Positionen der T-Achsen ΔT_M und
- $\Delta P_{Fr\ max}$ berechnet mittels der Rechentafel in Bild 5/10 in Abhängigkeit des Werkzeugdurchmessers d_{Fr} und des Fehlers in den Positionen der R-Achsen ΔW_M.

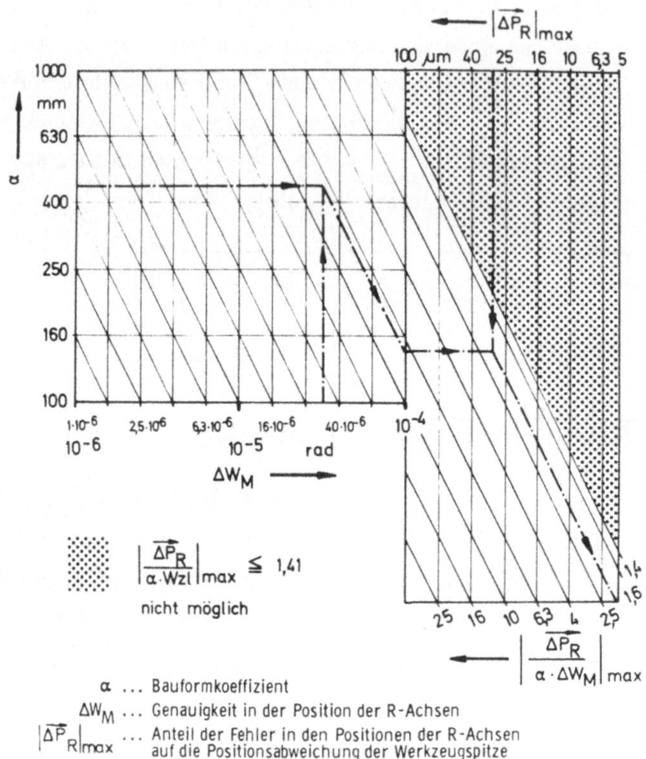

<u>Bild 6/2:</u> Rechentafel für die Normierung von $\overrightarrow{\Delta P_R}$

Der mit Gleichung (6.2) ermittelte zulässige Anteil der R-Achsen $|\overrightarrow{\Delta P_R}|_{max}$ wird über die Rechentafel in Bild 6/2 normiert auf den Bauformkoeffizienten α und auf den Fehler in den Positionen der R-Achsen ΔW_M. Mit diesem dimensionslosen Zahlenwert lassen sich aus Bild 6/1 die zulässigen Bauformkoeffizienten bzw. die noch zulässigen Positionen der T-Achsen ablesen. Für die in Bild 1/1 gezeigte Fünfachsen-Fräsmaschine sind in Bild 6/3 beispielhaft die zulässigen Positionen der T-Achsen für verschiedene zulässige maximale Abweichungen am Werkstück angegeben.

Gewählte Maschinendaten

$$\Delta T_M = 10\,\mu m$$
$$\Delta W_M = 0{,}3 \cdot 10^{-4}\ (\hat{=} 6'')$$
$$d_{Fr} = 100\ mm$$
$$a = Wzl = 450\ mm$$

ges. Verfahrbereich X-Achse = 1840 mm
Y-Achse = 1380 mm

$$\frac{\beta}{\alpha} = 0$$
$$\frac{\gamma}{\alpha} = -\frac{X_M}{Wzl}$$
$$\frac{\delta}{\alpha} = -\frac{Y_M}{Wzl}$$

max. Abw. am Wstk ΔF_{max}	10 μm	50 μm	100 μm
$\lvert\overline{\Delta P}_T\rvert_{max}$	17 μm		
$\Delta P_{Fr\,max}$	2,5 μm		
$\lvert\overline{\Delta P}_R\rvert_{max}$		30,5 μm	80,5 μm
$\left\lvert\dfrac{\overline{\Delta P}_R}{\alpha\cdot Wzl}\right\rvert_{max}$		2	5
$\lvert X_M\rvert$	1)	450 mm	2300 mm
$\lvert Y_M\rvert$		360 mm	900 mm
$\lvert Z_M\rvert$		beliebig	

1) Die max. mögliche Abweichung ist bei den gewählten
Maschinendaten größer als die zulässige Abweichung

Bild 6/3: Zulässige Positionen der T-Achsen (Beispiel für Bauform II)

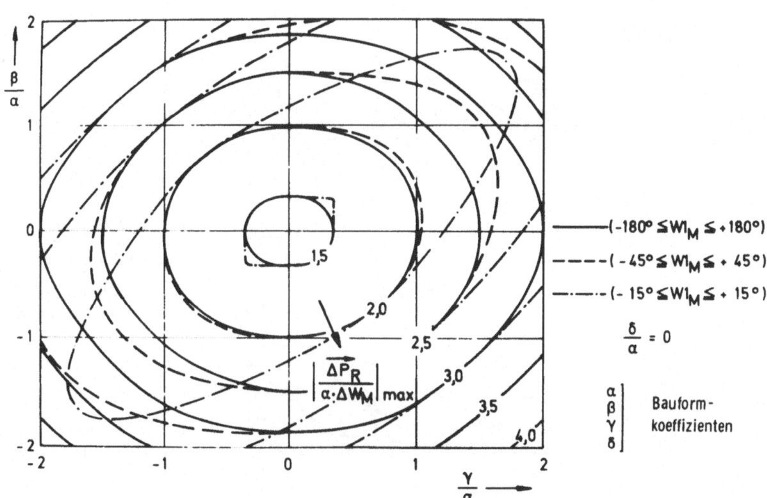

Bild 6/4: Linien mit gleichem maximalen Betrag der Abweichung $\lvert\overrightarrow{\Delta P}_R\rvert_{max}$
Einfluß der Größe des Arbeitsbereiches der W1-Achse

Beim Durchlaufen der Winkelpositionen $-180^O \leq W1_M \leq +180^O$ tritt das Maximum des Betrages der Abweichung bei speziellen Positionen der W1-Achse auf. Verfügt die W1-Achse nur über einen begrenzten Arbeitsbereich (z. B. $-45^O \leq W1_M \leq +45^O$), so ergibt sich hierfür ein maximaler Betrag der Abweichung, der sich von dem maximalen Betrag bei unbegrenztem Arbeitsbereich unterscheiden kann. Bild 6/4 zeigt Linien gleichen maximalen Betrages der Abweichung für einige symmetrisch zum Nullpunkt der W1-Achse liegende Arbeitsbereiche. Die Lage des kleinsten maximalen Betrages der Abweichung ändert sich dabei nicht. Das Bild zeigt, daß sich in dem Bereich $\frac{\beta}{\alpha} \cdot \frac{\gamma}{\alpha} > 0$ bei gleichen Bauformkoeffizienten aufgrund eines begrenzten Arbeitsbereiches ein geringerer Betrag der Abweichung ergibt, da der maximale Betrag bei einer Position der W1-Achse auftritt, die außerhalb des Arbeitsbereiches liegt. Dies trifft besonders für kleine Arbeitsbereiche der W1-Achse zu.

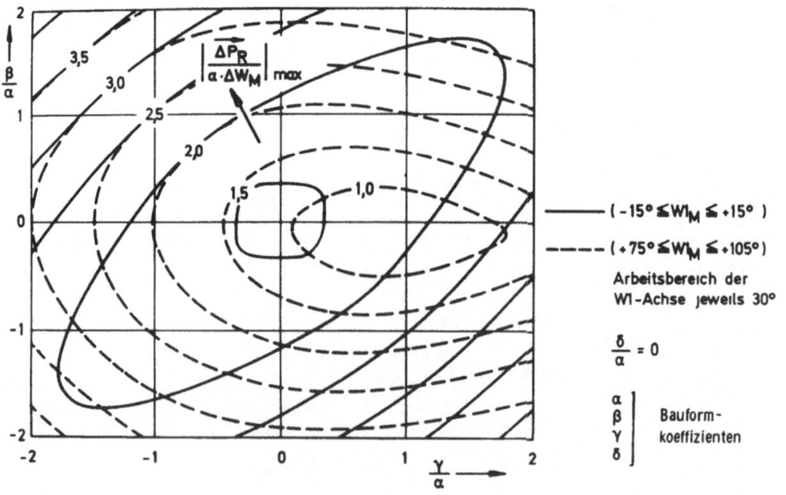

Bild 6/5: Linien mit gleichem maximalen Betrag der Abweichung $\left|\overrightarrow{\Delta P}_R\right|_{max}$, Einfluß der Lage des Arbeitsbereiches der W1-Achse

Wie sich die Lage des Arbeitsbereiches der W1-Achse auswirken kann,
zeigt Bild 6/5. Es ergeben sich sowohl andere Kurvenverläufe, als auch
eine Änderung von Wert und Lage des kleinsten maximalen Betrages der
Abweichung. Für den begranzten Arbeitsbereich $75^\circ \leqq W1_M \leqq 105^\circ$ führen kleine normierte Bauformkoeffizienten $(< 0,5)$ zu einem geringen Be-
trag der Abweichung. Für die Werte $\frac{\beta}{\alpha} = \frac{\gamma}{\alpha} = \frac{\delta}{\alpha} = 0$ ergibt sich das Verhältnis

$$\frac{|\overrightarrow{\Delta P}_R|_{unbegrenzt}}{|\overrightarrow{\Delta P}_R|_{begrenzt}} = \frac{1,414}{1,086}$$

Besondere Bedeutung gewinnt die Wahl der Lage des Arbeitsbereiches
der W1-Achse bei der Fertigung von Werkstücken, die nur eine geringe
Richtungsänderung der zu erzeugenden Vektoren erfordern wie z. B. bei
Flugzeugspanten.

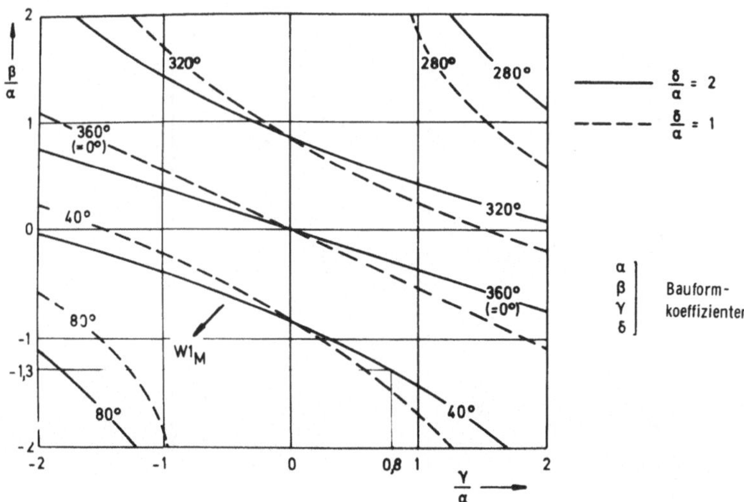

Bild 6/6: Positionen der W1-Achse mit maximalem Betrag der Ab-
weichung $|\overrightarrow{\Delta P}_R|_{max}$ $(\frac{\delta}{\alpha} > 0)$

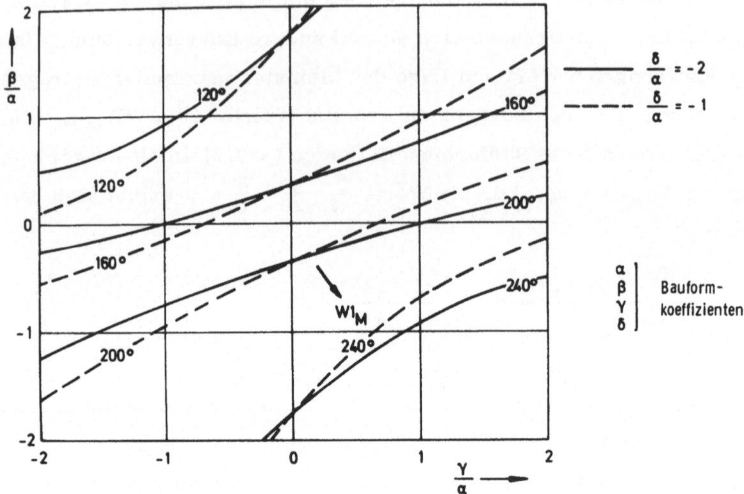

Bild 6/7: Positionen der W1-Achse mit maximalem Betrag der Abweichung $\left|\overrightarrow{\Delta P}_R\right|_{max}$ $\left(\frac{\delta}{\alpha} < 0\right)$.

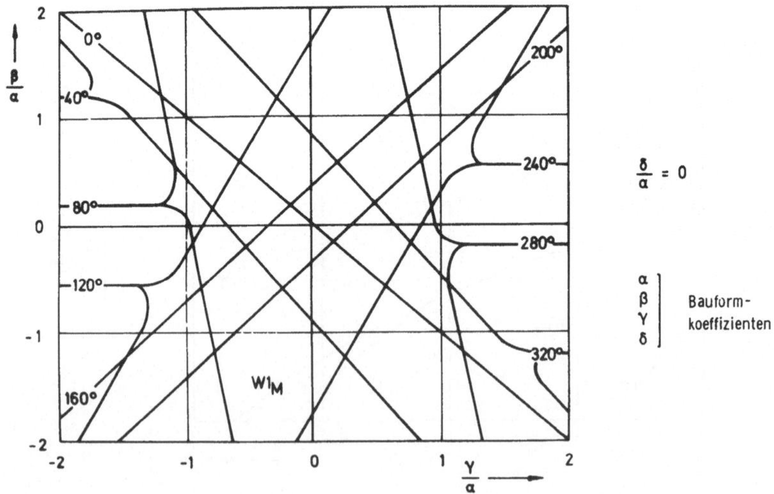

Bild 6/8: Positionen der W1-Achse mit maximalem Betrag der Abweichung $\left|\overrightarrow{\Delta P}_R\right|_{max}$ $\left(\frac{\delta}{\alpha} = 0\right)$

Während die Änderung des Verlaufes der Abweichungskurven $\left|\overrightarrow{\Delta P_R}\right|_{max}$ = $\left|\overrightarrow{\Delta P_R^*}\right|_{max}$ bei unbegrenztem Verfahrbereich ($-180^O \leqq W1_M \leqq +180^O$) noch überschaubar ist (Bild 6/1), werden die Kurvenverläufe unter dem Einfluß von Größe und Lage des Arbeitsbereiches der W1-Achse undurchsichtig (Bild 6/4 und 6/5). Es bieten sich deshalb Diagramme an, die Aufschluß darüber geben, bei welchen Positionen der W1-Achse ein maximaler Betrag der Abweichung $\left|\overrightarrow{\Delta P_R}\right|_{max}$ auftritt. Für positive Werte von $\frac{\delta}{\alpha}$ sind diese Winkelpositionen in Bild 6/6 aufgezeigt, entsprechende Kurvenverläufe für negative $\frac{\delta}{\alpha}$ zeigt Bild 6/7, und Bild 6/8 gibt Winkelpositionen bei $\frac{\delta}{\alpha}$ = 0 an. Die Bilder 6/6, 6/7 und 6/8 zeigen, welche Positionen der W1-Achse in Abhängigkeit der Bauformkoeffizienten möglichst vermieden werden sollten, um nicht einen maximalen Betrag der Abweichung zu erhalten.

In Bild 6/6 ist dazu ein Beispiel eingezeichnet. Die Bauformkoeffizienten $\frac{\beta}{\alpha}$ = -1,3 , $\frac{\gamma}{\alpha}$ = 0,3 und $\frac{\delta}{\alpha}$ = 2,0 führen dann zu einem maximalen Betrag der Abweichung, wenn die W1-Achse die Position W1 = 40° einnimmt, d. h. diese Winkelposition ist bei diesen Bauformkoeffizienten möglichst zu vermeiden. Für den Bauformkoeffizienten $\frac{\delta}{\alpha}$ = 0 kann der maximale Betrag der Abweichung bei zwei Positionen der W1-Achse auftreten (Bild 6/8, die Linien gleicher Winkelpositionen schneiden sich; vergl. Bild 5/20, für $\frac{\beta}{\alpha}$ = $\frac{\gamma}{\alpha}$ = $\frac{\delta}{\alpha}$ = 0 tritt der maximale Betrag der Abweichung bei 0° und 180° auf). Bei großen Zahlenwerten für $\frac{\beta}{\alpha}$ und $\frac{\gamma}{\alpha}$ fallen die beiden Winkelpositionen jedoch zu einer Position zusammen.

Analog zu den Winkelpositionen der W1-Achse, die einen maximalen Betrag der Abweichung $\left|\overrightarrow{\Delta P_R}\right|_{max}$ zur Folge haben, können Winkelpositionen angegeben werden, die einen möglichst geringen Betrag der Abweichung $\left|\overrightarrow{\Delta P_R}\right|_{min}$ ergeben (Bild 6/9 und 6/10). Mit Bild 6/9 kann auch eine Aussage bestätigt werden, die im Zusammenhang mit dem begrenzten Arbeitsbereich der W1-Achse getroffen wurde: Für kleine normierte Bauformkoeffizienten ($< 0,5$) ergibt ein Arbeitsbereich der W1-

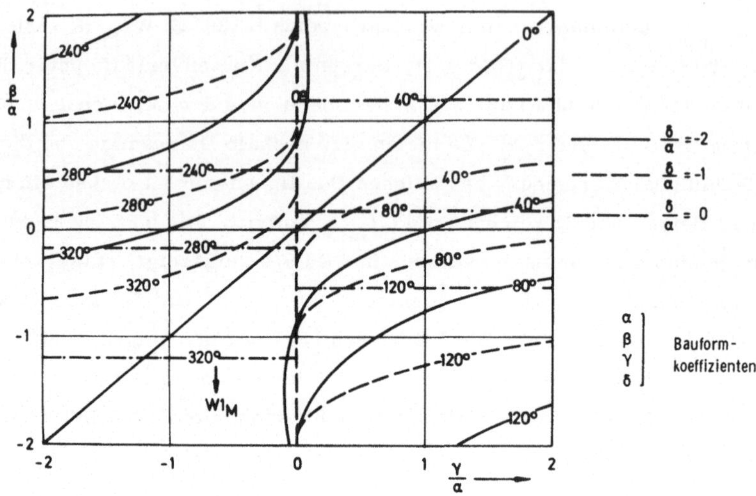

Bild 6/9: Positionen der W1-Achse mit minimalem Betrag der Abweichung $|\overrightarrow{\Delta P_R}|_{min}$ $(\frac{\delta}{\alpha} \leqq 0)$

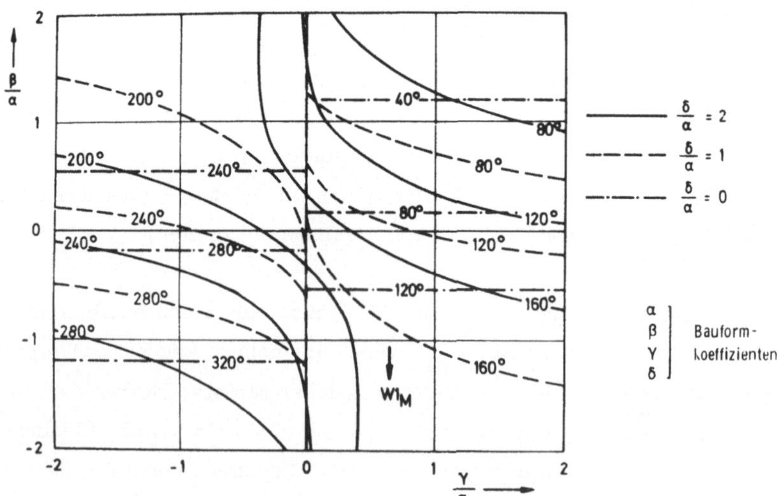

Bild 6/10: Positionen der W1-Achse mit minimalem Betrag der Abweichung $|\overrightarrow{\Delta P_R}|_{min}$ $(\frac{\delta}{\alpha} \geqq 0)$

Achse um die Position von $W1_M = 90°$ einen minimalen Betrag der Abweichung (vergl. Seite 83).

Die vorgestellten Diagramme in den Bildern 6/1, 6/2 sowie 6/4 ... 6/10 besitzen allgemeine Gültigkeit für die betrachteten Bauformen. Sie geben an:

- Mit welcher Abweichung zu rechnen ist,
- Bei welcher Winkelposition der W1-Achse ein maximaler Betrag der Abweichung auftritt (diese Position und einen Winkelbereich um diese Position meiden, Bild 6/6 ... 6/8),
- Bei welcher Winkelposition der W1-Achse ein minimaler Betrag der Abweichung auftritt (diese Position und einen Winkelbereich um diese Position bevorzugen, Bild 6/9 und Bild 6/10),
- Koeffizientenwerte, die für einen notwendigen Schwenkbereich der W1-Achse (erforderlich für die Vektorerzeugung) eine möglichst kleine Abweichung erwarten lassen, Bild 6/4 und Bild 6/5,
- Auswirkung der Änderung eines Bauformkoeffizienten auf den maximalen Betrag der Abweichung (Kurvendichte), Bild 6/1, 6/4 und 6/5,
- Auswirkung der Änderung eines Bauformkoeffizienten auf die Position der W1-Achse mit maximalem bzw. minimalem Betrag der Abweichung (Kurvendichte), Bild 6/6 ... 6/10.

Eine Konsequenz aus der theoretischen Betrachtung ist, daß eine geringe Abweichung des Werkzeugs erwartet werden kann, wenn sich kleine Bauformkoeffizienten realisieren lassen. Da der Verfahrbereich der Maschinenachsen und die Werkzeugeinstellänge durch die Fertigungsaufgabe bestimmt werden, sind die Bauformkoeffizienten nur durch den inneren geometrischen Aufbau der Bauform zu beeinflussen.

Bei dem Vektor $\overline{V1}$ (Bauform I und II) ist meist nur dessen Y-Komponente (Y1) vorhanden. Bei der in Bild 1/1 gezeigten Fünfachsen-Fräsmaschine der Bauform II liegt Y1 konstruktiv mit Y1 = 240 mm fest. Der

Vektor $\overrightarrow{V2}$ (Bauform I) wird zu einem Nullvektor, wenn sich die Drehachsen der W1- und W2-Achse schneiden und ihre Bezugspunkte (Durchstoßpunkt von Drehebene und Drehachse) zusammenfallen. Dasselbe
trifft für den Vektor $\overrightarrow{V4}$ zu, jedoch können sich evtl. konstruktiv oder
fertigungstechnisch bedingte Gründe ergeben, die diesen Vektor nicht zu
einem Nullvektor werden lassen (siehe Beispiel Kapitel 6.1.2). Die Vek-
toren $\overrightarrow{V5}$ und $\overrightarrow{V6}$ bewirken nur eine translatorische Verschiebung des
M-Systems. Das M-System und der Bezugspunkt der T-Achsen lassen
sich folglich so legen, daß $\overrightarrow{V5}$ und $\overrightarrow{V6}$ nicht auftreten. Bei der Fünfachsen-Fräsmaschine nach Bild 1/1 ist der Ursprung des M-Systems
identisch mit dem Bezugspunkt der C'-Achse und die Schlittenbezugs-
punkte sind identisch mit dem Bezugspunkt der B-Achse.

Bei Bauform I kann somit $\beta = \gamma = \delta = 0$ bei α =konstant realisiert werden, wobei dann der Positionsbereich der W1-Achse um $W1_M = 90^o$ bzw.
270° zu bevorzugen ist und der Positionsbereich um $W1_M = 0^o$ bzw. 180°
gemieden werden sollte. An Bauform II läßt sich $\beta = 0$ bei $\alpha =$ konstant
und bei Bauform III $\delta = 0$ verwirklichen. Die restlichen Koeffizienten
enthalten die Positionen der T-Achsen, d. h. allgemeingültige Zahlen-
werte wie bei Bauform I können nicht genannt werden (Beispiel dazu
siehe Kapitel 6.2.2).

6.1.2 Konkreter Anwendungsfall

Die theoretischen Untersuchungen und erzielten Ergebnisse sollen an
einer konkreten Fertigungsaufgabe beispielhaft erläutert werden. Herzu-
stellen ist ein Pumpenlaufrad mit mehreren räumlich gekrümmten
Schaufeln. Bild 6/11 a zeigt das Werkstück, wobei nur eine Schaufel gezeichnet ist. Die Fertigung soll auf einer Fünfachsen-Maschine mit
Doppel-Drehtisch erfolgen (Bild 6/11 b), wobei die Drehachsen als W1 =
B'-Achse und W2 = C'-Achse ausgeführt sind, d. h. es liegt die Kombination 4 der R-Achsen vor (vergl. Kapitel 5.2). Anhand der Zuord-

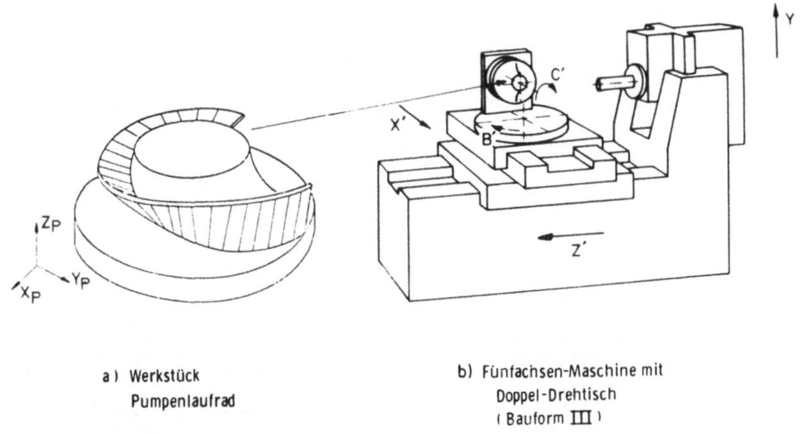

a) Werkstück
Pumpenlaufrad

b) Fünfachsen-Maschine mit
Doppel-Drehtisch
(Bauform III)

<u>Bild 6/11</u>: Fertigungsbeispiel

ordnung der Vektorkomponenten nach Bild 5/5 müssen die X- und Y-
Komponente der vorliegenden Maschine vertauscht werden, um die in
der theoretischen Betrachtung aufgestellten Gleichungen anwenden zu
können.

Für technologisch günstiges Zerspanen ist eine möglichst geringe Werk-
zeugauskragung erforderlich, die durch eine exzentrische Anordnung der
beiden Drehtische zueinander erreicht werden kann (Bild 6/12, rechts).
Dies wird durch den Vektor $\overrightarrow{V4}$ (siehe Bild 5/8) berücksichtigt. Die Y-
Komponente von $\overrightarrow{V4}$ - Y4 - ist ohne Einfluß auf die weitere Betrachtung,
entscheidend sind die Komponenten in X- und Z-Richtung - X4 und Z4.

Die Auswirkung einer exzentrischen Zuordnung der beiden Drehtische ist
in Bild 6/13 aufgeführt. Damit wird ersichtlich, daß die Exzentrizität
der beiden Drehachsen gegeneinander nicht beliebig groß gewählt werden
darf. Bild 6/14 zeigt die erforderlichen Verfahrbereiche der X' - und
Z'-Achse beim Fertigen des Laufrades in Abhängigkeit der Anordnung
der beiden R-Achsen. Da die Fertigungszeit (ermittelt aus dem Weg der

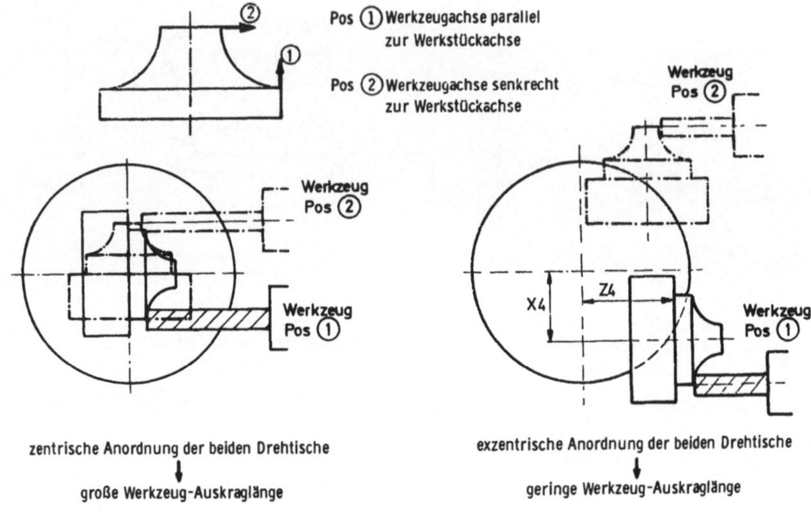

Bild 6/12: Anordnung der beiden Drehtische

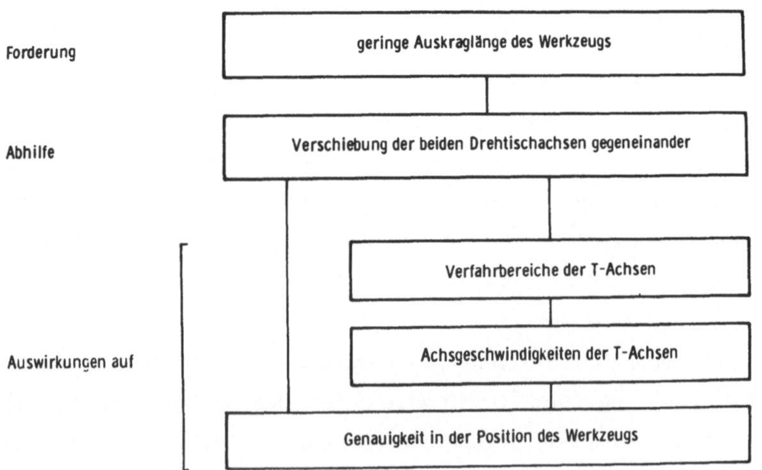

Bild 6/13: Auswirkung der Verschiebung der beiden Drehtischachsen bei Bauform III

Werkzeugspitze und der programmierten Vorschubgeschwindigkeit) jeweils gleich bleibt, ergibt sich aus einer Vergrößerung des Verfahrweges
einer Maschinenachse auch eine größere Verfahrgeschwindigkeit dieser
Maschinenachse.

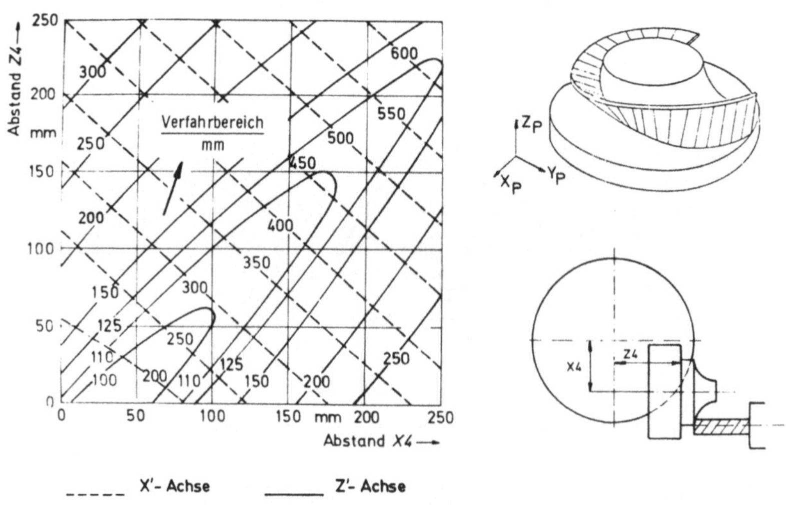

Bild 6/14: Auswirkung der Verschiebung der beiden Drehtischachsen
auf die erforderlichen Verfahrbereiche der X'- und Z'-Achse

Die Auswirkung auf die Genauigkeit in der Position des Werkzeugs erfolgt in mehrfacher Hinsicht. Die Exzentrizität führt direkt und über die
Positionen der T-Achsen indirekt zu veränderten Bauformkoeffizienten
und damit zu anderen Werten für $\overrightarrow{\Delta P}_R$. Durch größere Verfahrgeschwin-
digkeiten bzw. Geschwindigkeitssollwertsprünge der Maschinenachsen
ergeben sich außerdem größere Abweichungen aufgrund der Dynamik
der Lageregelkreise $\begin{bmatrix} 27 \end{bmatrix}$. Die erstgenannte Wirkung ist in Bild 6/15
zu einem Diagramm zusammengefaßt: Eine größere Exzentrizität führt
zu größeren Abweichungen.

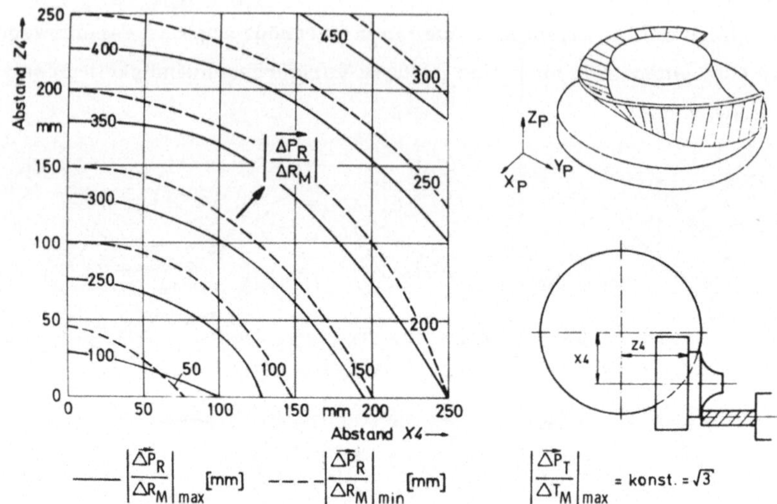

Bild 6/15: Auswirkung der Verschiebung der beiden Drehtischachsen auf die Positionsabweichung der Werkzeugspitze (Anteil $\overrightarrow{\Delta P_R}$)

Da der Anteil der Abweichung $\left|\overrightarrow{\Delta P_T}\right|_{max}$ für Bauform III mit $\left|\overrightarrow{\Delta P_T}/\Delta T_M\right| = \sqrt{3}$ = konstant bleibt (Kapitel 5.4.1), lassen sich aus Bild 6/15 Bereiche dominierender Anteile an der Abweichung ($\overrightarrow{\Delta P_T}$ oder $\overrightarrow{\Delta P_R}$) herausstellen, d. h. es kann angegeben werden,

- ob der Anteil durch die Fehler in den Positionen der T-Achsen oder der der R-Achsen überwiegt, oder

- ob z. B. das Meßsystem der T-Achsen zu genau gegenüber dem der R-Achsen ist.

In Bild 6/16 sind für verschiedene Fehler in den Positionen der Maschinenachsen (z. B. Meßsystemgenauigkeit) diese Bereiche angegeben.

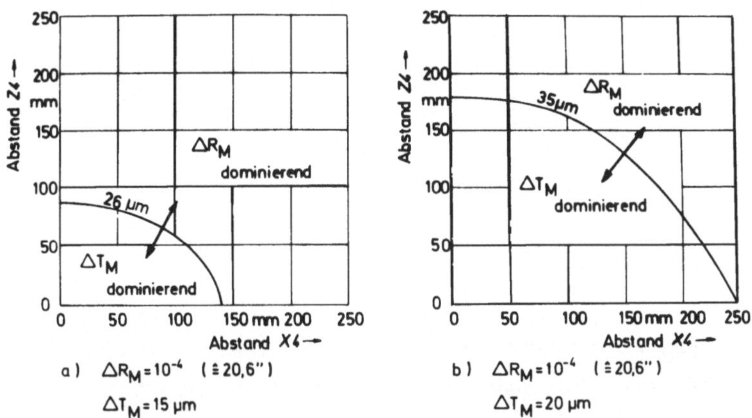

Bild 6/16: Bereiche dominierender Anteile an der Positionsabweichung der Werkzeugspitze

6.2 Auswirkung der Abweichungen des Werkzeuges bei verschiedenen Bearbeitungsaufgaben und Bauformen

Die in Kapitel 4.3 durchgeführte Rücktransformation der Abweichungen des Werkzeuges vom P- in das W-System (Gleichung (4.9) und (4.10)) ist zwar formell richtig, aber eine anschaulichere Möglichkeit bietet die Darstellung der Abweichungen am Werkstück als Maß- Lage- und Formabweichung. Dies läßt sich beim fünfachsigen Fräsen jedoch nur sehr schwer angeben, da hier die Maß-, Lage- und Formabweichungen miteinander verknüpft sind, d. h. eine der genannten Abweichungen tritt nicht einzeln auf, sondern stets in Verbindung mit den beiden anderen. Es erweist sich deshalb als sinnvoll, die Zuordnung zwischen den Abweichungen des Werkzeugs ($\overrightarrow{\Delta E}$ und $\overrightarrow{\Delta P}$) und den Abweichungen am Werkstück (Maß-, Lage- und Formabweichung) anhand verschiedener Bearbeitungsaufgaben vorzustellen. Außerdem läßt sich damit der Zusammenhang unabhängig von einem einzelnen Werkstück angeben.

6.2.1 Auswirkung der Winkelabweichung des Werkzeugs

Die bei der fünfachsigen Bearbeitung geforderte Erzeugung beliebiger Raumwinkel erfordert die Bewegung beider R-Achsen. In dieser Beziehung sind die drei Bauformen gleichwertig, was auch durch Gleichung (5.2) bewiesen wird. Die aufgrund eines Fehlers in den Positionen der R-Achsen entstehende Winkelabweichung $\overline{\Delta E}$ kann sich jedoch je nach Bauform und Bearbeitungsaufgabe unterschiedlich auswirken.

Die Erzeugung einer Bohrung unter einem beliebigen Raumwinkel erfordert eine zu der Vorschubrichtung parallele Werkzeugachsrichtung. Aufgrund der Winkelabweichung $\overline{\Delta E}$ ist dies bei den Bauformen I und II nicht möglich. Es ergibt sich eine ovale Bohrung, deren Vorweite von $\overline{\Delta E}$, Werkzeugdurchmesser und Bohrungstiefe abhängt $\lceil 2 \rfloor$. Die entstehende Formabweichung bewirkt also zwangsläufig eine Maßabweichung. Zusätzlich erzeugt die radiale Zerspankraftkomponente ein weiteres Abdrängen des Werkzeugs und damit weitere Abweichungen $\lceil 34 \rfloor$. Für Bauform III stellt sich dieses Problem nicht, da die Vorschubbewegung direkt von der werkzeugtragenden Z-Achse durchgeführt wird. Die Winkelabweichung $\overline{\Delta E}$ bewirkt nur eine Lageabweichung der Bohrungsachse von der geforderten Richtung.

Bei der Fräsbearbeitung ebener Flächen entsteht durch $\overline{\Delta E}$ und durch die räumliche Ausdehnung des Fräsers bei allen drei Bauformen ein Fräsrillenprofil, das je nach Lage der Winkelabweichung zur Vorschubrichtung einen stufen- bis rillenförmigen Querschnitt annimmt. Diese Formabweichung führt bei Überdeckung der einzelnen Fräsbahnen zu Maß- und Lageabweichungen. Bei der Fräsbearbeitung gekrümmter Flächen entsteht schon ohne Winkelabweichung $\overline{\Delta E}$ ein Fräsrillenprofil $\lceil 11 \rfloor$, dem sich aber das Fräsrillenprofil infolge $\overline{\Delta E}$ überlagert.

6.2.2 Auswirkung der Positionsabweichung des Werkzeugs

Die Maß- und Lageabweichung am Werkstück aufgrund der Positionsabweichung $\overrightarrow{\Delta P}$ des Werkzeugs stellt sich in Abhängigkeit verschiedener Randbedingungen dar, wie

- Art der Bauform,
- Aufbau innerhalb der Bauform,
- Position der T-Achsen und
- Bearbeitungsaufgabe.

Nach Gleichung (4.8) ergibt sich die Positionsabweichung der Werkzeugspitze aus den beiden Anteile $\overrightarrow{\Delta P}_T$ und $\overrightarrow{\Delta P}_R$. Der Anteil $\overrightarrow{\Delta P}_T$ ist bauformspezifisch aber konstant innerhalb des Verfahrbereiches der T-Achsen (Gleichung (5.5)). Die für verschiedene Bearbeitungsaufgaben entstehende maximale Abweichung $\left|\overrightarrow{\Delta P}_T\right|_{max}$ ist in Bild 6/17 a aufgetragen. Für das Bohren und Planfräsen unter beliebigen Raumwinkeln sowie der Fräs-

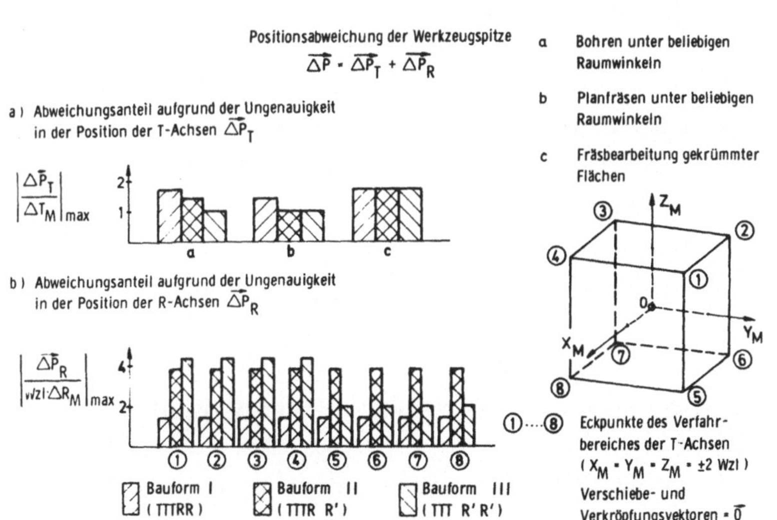

<u>Bild 6/17:</u> Maximale Positionsabweichung des Werkzeugs in Abhängigkeit von Bauform, Position der T-Achsen und Bearbeitungsaufgabe

bearbeitung gekrümmter Flächen ist bei den drei Bauformen der jeweils maximal mögliche Betrag von $\overrightarrow{\Delta P_T}$ aufgetragen. Er resultiert aus der Zahl der bei einer Bauform für die Bearbeitungsaufgabe simultan zu bewegenden T-Achsen. Ein Unterschied bei den einzelnen Bauformen tritt nur bei den einfachen Bearbeitungsaufgaben Bohren und Planfräsen unter beliebigen Raumwinkeln auf, während bei der Fräsbearbeitung gekrümmter Flächen kein Unterschied bezüglich $\left|\overrightarrow{\Delta P_T}\right|_{max}$ vorliegt, da sich bei dieser Bearbeitungsaufgabe alle drei T-Achsen simultan bewegen müssen. Unterschiede ergeben sich nur bei den einzelnen Komponenten von $\overrightarrow{\Delta P_T}$ (Bild 5/13). Den Werten nach Bild 6/17 a ist der Anteil der R-Achsen $\overrightarrow{\Delta P_R}$ zu überlagern. In Bild 6/17 b sind die Beträge der maximal möglichen Abweichungen $\overrightarrow{\Delta P_R}$ in den Eckpunkten des Verfahrbereiches der T-Achsen aufgetragen. Zur Erzielung einer günstigeren Darstellung wurden die Verfahrbereiche der T-Achsen als Vielfaches der Werkzeugeinstellänge, sowie die Verschiebe- und Verkröpfungsvektoren zu Nullvektoren gesetzt. Die Eckpunkte des Verfahrbereiches sind mit Position ① ... ⑧ bezeichnet. Es zeigt sich, daß hier die Bauform I am günstigsten abschneidet, nicht zuletzt wegen des konstant geringen Anteils von $\overrightarrow{\Delta P_R}$. Im Nullpunkt der T-Achsen ($X_M = Y_M = Z_M = 0$) nehmen auch Bauform II und III denselben Zahlenwert wie Bauform I ein, d. h. nur im Maschinennullpunkt der T-Achsen sind die drei Bauformen bezüglich $\left|\overrightarrow{\Delta P_R}\right|_{max}$ gleichwertig.

6.3 Vergleich der ausgewählten Bauformen von Fünfachsen-Maschinen

Eine vergleichende Betrachtung kann nach verschiedenen Gesichtspunkten durchgeführt werden. Sie muß dabei generell zwei wichtige Problemkreise berücksichtigen:

1. Die Bearbeitungsgüte als Gesamtbegriff für Bearbeitungsfehler und Oberfläche, die letztlich den Aufwand für das Nacharbeiten und die Kontrolle bestimmt.

2. Die technischen Möglichkeiten und Funktionen, die die Fünfachsen-

Maschine bezüglich einer wirtschaftlichen Bearbeitung bietet.

Dabei wird vorausgesetzt, daß die Bauform bzw. die Fünfachsen-Maschine die für eine Fertigung notwendige Punkt- und Vektorerzeugung zuläßt.

6.3.1 Bearbeitungsgüte

Bei allen drei Bauformen tritt eine Winkelabweichung der Werkzeugachse $\overrightarrow{\Delta E}$ auf, jedoch ergibt sich für jede einzelne Bauform derselbe geometrische Ort für $\overrightarrow{\Delta E}$, d. h. $\overrightarrow{\Delta E}$ ist kein Verkleichskriterium. Dagegen unterscheiden sich die Positionsabweichungen der Werkzeugspitze $\overrightarrow{\Delta P}$ bei den einzelnen Bauformen. Die geometrischen Orte der Anteile $\overrightarrow{\Delta P}_T$ und $\overrightarrow{\Delta P}_R$ an der Positionsabweichung $\overrightarrow{\Delta P}$ sind für Bauform I am kleinsten (Bild 5/13 bzw. 5/20). Während für Bauform I der geometrische Ort von $\overrightarrow{\Delta P}_R$ konstant bleibt, ist er bei den Bauformen II und III von den Positionen der T-Achsen abhängig und kann sehr große Werte annehmen, wird andererseits jedoch auch nicht kleiner als der geometrische Ort von Bauform I (Bild 6/18, 5/19 und 5/20).

Obwohl die Bauform I bezüglich der Größe des geometrischen Ortes günstig abschneidet, können sich je nach Bearbeitungsaufgabe bei den Bauformen II und III aufgrund der geringen Anzahl der erforderlichen simultan bewegten T-Achsen kleinere Abweichungen ergeben (Bild 6/17 a).

Die Abweichungen des Werkzeugs sind bei der Bauform I weitgehend unabhängig von der Werkstückgröße, sie eignet sich deshalb vorteilhaft für die Bearbeitung großer Werkstücke, wie z. B. für Formwerkzeuge in der Karosseriefertigung. Indem sich alle fünf Maschinenachsen dem Werkzeug zuordnen lassen (d. h. das Werkzeug führt alle fünf Maschinenbewegungen aus), können weitere Vorteile der Bauform I genannt werden, welche sich auch auf die Werkstückgenauigkeit positiv auswir-

ken. Durch die Unabhängigkeit vom Gewicht des Werkstückes und dessen
Spannvorrichtung bleiben statische und dynamische Kennwerte wie z. B.
Reibkräfte in den Führungen, Umkehrspanne, Kennkreisfrequenz und
Dämpfung der Lageregelkreise, konstant. Die Bauform I bietet sich des-
halb besonders auch für schwere Werkstücke an.

Bei der Bauform III geht die Werkstückgeometrie über die anzufahrend-
den Positionen der Maschinenachsen voll in die Genauigkeit von Lage und
Position des Werkzeugs und damit auch des Werkstücks ein. Sie bietet
sich deshalb nur für kleinere Werkstücke, wie z. B. für Laufräder von
Pumpen und Turbinen, an. Da bei Bauform III das Werkstück von mehreren Maschinenachsen (mindestens 2 R-Achsen) getragen wird, eignet
sich sich vorwiegend für leichte Werkstücke, die deshalb die Kennwerte
der tragenden Maschinenachsen nicht wesentlich beeinflussen.

Die bei der Bauform III getroffenen Aussagen bezüglich der Werkstückgröße treffen prinzipiell auch für Bauform II zu. Da jedoch nur noch eine
werkstücktragende R-Achse vorhanden ist, wird diese allein durch das
Werkstück und dessen Spannvorrichtung belastet, das Gewicht einer weiteren R-Achse entfällt. Außerdem steht bei Bauform II in der Regel
eine größere Werkstückaufspannfläche als bei Bauform III zur Verfügung.

Um möglichst geringe Abweichungen zu erhalten, gilt die bauformunab-
hängige Forderung nach möglichst geringen Koeffizienten. Dies wirkt
sich besonders auf die konstruktive Gestaltung der Fünfachsen-Maschine
bzw. auf die Zuordnung der R-Achsen zueinander aus. Anhand der in
Kapitel 6.1 angegebenen Diagramme können für eine Baufrom Bereiche
der Koeffizienten abgelesen werden, innerhalb denen die Abweichung des
Werkzeugs einen maximalen Wert nicht überschreitet.

Eine zusätzliche, direkt das Werkzeug tragende T-Achse wirkt sich bei
Bauform I und II positiv aus, z. B. für das Einstellen einer geforderten

Werkzeugeinstellänge oder auf das Erzeugen einer Bohrung, deren Mittellinie beliebig im Raume liegt. Die zusätzliche T-Achse ist bei Bauform III überflüssig, sie würde nur eine Verlegung des Verfahrbereiches der Z-Achse bewirken.

6.3.2 Technische Möglichkeiten

Die drei Bauformen unterscheiden sich zunächst hinsichtlich ihrer technischen Möglichkeiten nicht. Differenzen ergeben sich aber, wenn der erforderliche Aufwand zur Realisierung dieser Möglichkeiten mit berücksichtigt wird. Es kommt dabei sehr auf den Einzelfall an, so daß allgemeingültige Aussagen nicht möglich sind. Einige Punkte sollen jedoch erwähnt werden.

a) **Mehrspindlige Ausführung:** Um den wirtschaftlichen Einsatz einer Fünfachsen-Maschine zu erhöhen, werden diese oft mit mehreren Arbeitsspindeln ausgestattet. Damit lassen sich mehrere gleiche oder auch

<table>
<tr>
<td rowspan="2">Werkstücke</td>
<td rowspan="2">Werkstück-anordnung</td>
<td colspan="3">Mindestanzahl der mehrfach ausgeführten Maschinenachsen</td>
</tr>
<tr>
<td>Bauform I
TTTRR</td>
<td>Bauform II
TTTR R'</td>
<td>Bauform III
TTT R'R'</td>
</tr>
<tr>
<td rowspan="2">gleiche Werkstücke</td>
<td>Linie</td>
<td colspan="3">1 Achse (1R)</td>
</tr>
<tr>
<td>räumlich</td>
<td colspan="3">2 Achsen (2R)</td>
</tr>
<tr>
<td rowspan="2">spiegelbildliche Werkstücke</td>
<td>Linie</td>
<td rowspan="2">letzte drei Achsen auf Wz-Seite (1T 2R)</td>
<td>letzte zwei Achsen auf Wz-Seite (1T 1R)</td>
<td>letzte Achse auf Wz-Seite (1T) + letzte Achse auf Wstk-Seite (1R')</td>
</tr>
<tr>
<td>räumlich</td>
<td>letzte zwei Achsen auf Wz-Seite (1T 1R) + 1R auf Wstk-Seite (1R')</td>
<td>letzte Achse auf Wz-Seite (1T) + beide Achsen auf Wstk-Seite (2R')</td>
</tr>
</table>

letzte Achse(n) ... die dem Wz bzw. Wstk nächstgelegene Maschinenachse(n)   Wz ... Werkzeug   Wstk ... Werkstück

Bild 6/18: Gleichzeitiges Bearbeiten von gleichen bzw. spiegelbildlichen Werkstücken

spiegelbildliche Werkstücke gleichzeitig fertigen. Alle drei Bauformen ermöglichen eine soche Ausführung mit mehreren Arbeitsspindeln. Dabei ist die Mindestanzahl der mehrfach ausgeführten Maschinenachsen jeweils gleich. Nur in dem Spezialfall: Fertigen spiegelbildlicher Werkstücke in Linienbearbeitung (Werkstücke in einer Reihe neben- oder übereinander) genügt bei Bauform II und III die Mehrfachausführung von zwei Maschinenachsen, während bei Bauform I dagen drei Maschinenachsen mehrfach vorhanden sein müssen. Bauform I gestattet damit aber schon das Fertigen in räumlicher Anordnung der Werkstücke (Bild 6/18).

b) Fertigen maßstäblich veränderter Werkstücke: Auch im Hinblick auf das Fertigen mäßstäblich veränderter Werkstücke, z. B. für Testzwecke, besteht kein prinzipieller Unterschied, da diese Möglichkeit, allerdings mit unterschiedlichen Voraussetzungen, bei allen drei Bauformen gegeben ist. Ein mittels einer Maßstabseingabe in die Steuerung

1) Positionen der T-Achsen auf dem Lochstreifen $\implies \vec{M} = \begin{bmatrix} X_M \\ Y_M \\ Z_M \end{bmatrix}$
ergibt Originalwerkstückgröße

2) Positionen $\vec{M}$ der T-Achsen mit Maßstab m verändern $\implies \vec{M}^* = m \cdot \vec{M} = m \cdot \begin{bmatrix} X_M \\ Y_M \\ Z_M \end{bmatrix}$
(Position der R-Achsen bleibt unverändert)

3) Forderungen an die Bauform, damit mit demselben Lochstreifen das Werkstück im Maßstab m entsteht $\qquad \vec{P}^* = m \cdot \vec{P}$

Kenn-größe	Bauform		
	I	II	III
$\vec{V1}$	0	0	-
$\vec{V2}$	0	-	-
$\vec{V3}$	-	m	m
$\vec{V4}$	-	-	0
$\vec{V5}$	0	0	0
$\vec{V6}$	0	0	0
$\vec{T}$	m	m	m
Wz - Geometrie	m	m	m

- ... Verschiebe- oder Verkröpfungsvektor an der Bauform nicht vorhanden

0 ... Vektor $= \vec{0}$

m ... mit Maßstabsfaktor

Bild 6/19: Arbeiten mit Maßstabsfaktor

z. B. verkleinert gefertigtes Werkstück gibt zwar die Geometrie des
Werkstücks wieder, ermöglicht aber keinen Rückschluß auf die Abweichungen in der Werkstückoriginalgröße. Mit demselben Lochstreifen
kann ein Werkstück in Originalgröße und im Maßstab m gefertigt werden,
wenn die Positionen der T-Achsen und zusätzlich die in Bild 6/19 angegebenen Größen mit dem Faktor m verändert werden können. Einige
Größen liegen konstruktiv fest, d. h. sie können keinen anderen Wert
einnehmen. In der Tabelle von Bild 6/19 sind sie durch "0" gekennzeichnet. Arbeiten mit Maßstab ist möglich, wenn diese unveränderlichen
Größen den Wert 0 besitzen.

c) <u>Bearbeitungszeit</u>: Die Bearbeitungszeit eines Werkstückes läßt sich
trennen in Hauptzeit und in Nebenzeit. Die Hauptzeit ist festgelegt durch
technologische Werte und ist damit unabhängig von der Bauform der
Fünfachsen-Maschine. Ein Einfluß durch die Bauform auf die Hauptzeit
ist nur dann vorhanden, wenn eine Maschinenachse ihre maximale Verfahrgeschwindigkeit erreicht und eine Reduzierung der programmierten
Pahngeschwindigkeit erfolgen muß (Bild 4/8). Die Nebenzeiten werden
dagegen sehr stark von der Bauform und dem geometrischen Aufbau
innerhalb der Bauform beeinflußt. Nebenzeiten resultieren z. B. aufgrund von Zustellbewegungen. Diese sind vorgegeben durch die Geometrie
des Werkstücks und durch die Berücksichtigung möglicher Kollisionen.
Die Randbedingungen sind jedoch so speziell, daß hier keine Aussage zu-
gunsten einer bestimmten Bauform getroffen werden kann.

7 Zusammenfassung

Die Genauigkeit fünfachsig gefertigter Werkstück wird von einer Vielzahl
von Faktoren beeinflußt, die im gesamten Informationsfluß von der Werk-
stückbeschreibung bis zum fertigen Werkstück zu finden sind. Die vorliegende Arbeit hat sich die Aufgabe gestellt, die Wirkung eines Fehlers
in den Positionen der Maschinenachsen innerhalb deren Verfahrbereich
auf die Abweichung am Werkstück zu untersuchen.

Ausgehend von den inversen Transformationsgleichungen werden zunächst
der komplexe Zusammenhang zwischen dem Fehler in den Positionen der
Maschinenachsen und der Abweichung in der Lage des Werkzeugs dargestellt. Als günstige Kennwerte für die Abweichung des Werkzeugs erweisen sich die Richtungsabweichung der Werkzeugachse und die Positionsabweichung der Werkzeugspitze. Für die Berechnung beider Kennwerte
wird in einem ersten Teil der Arbeit eine Berechnungsmethode vorgestellt, mit der eine direkte Verknüpfung von Fehler in den Positionen
der Maschinenachsen und Abweichungen des Werkzeugs möglich wird.
Gleichzeitig ist damit die Grundlage geschaffen für eine analytische Betrachtung der Abweichungen des Werkzeugs, welche auch für Fünfachsen-
Maschinen mit 3 translatorischen und 2 rotatorischen Maschinenachsen
in allgemeiner Form und unabhängig von einer speziellen Bauform durchgeführt wird.

Eine Trennung der Positionsabweichung der Werkzeugspitze in einen Anteil durch die Fehler in den Positionen der translatorischen Maschinenachsen und in einen Anteil durch die Fehler in den Positionen der rotatorischen Maschinenachsen wird verwirklicht und somit eine differen-
zierte Betrachtung der Abweichungen des Werkzeugs möglich. Auf die
zugehörigen Zusammenhänge und Abhängigkeiten wird hingewiesen.

Die Vielzahl der Einflußfaktoren auf die Abweichungen des Werkzeugs aufgrund der Fehler in den Positionen der Maschinenachsen erfordern Vereinfachungen. Diese werden kritisch bewertet und auf ihre Zulässikeit hin untersucht. Es zeigt sich, daß das Gleichsetzen der Fehler mit dem jeweiligen Maximalwert in den translatorischen bzw. rotatorischen Maschinenachsen auf den ungünstigsten Fall hinführt; die damit erzielten Ergebnisse liegen also auf der sicheren Seite.

Der zweite Teil der Arbeit widmet sich dann der Untersuchung der spezifischen Abweichungen von ausgewählten Bauformen von Fünfachsen-Maschinen mit 3 translatorischen und 2 rotatorischen Maschinenachsen. Die gewonnenen Erkenntnisse bieten die Möglichkeit, die Auswirkung des geometrischen Aufbaues innerhalb einer Bauform auf die Abweichungen des Werkzeugs anzugeben. Das Einführen von Bauformkoeffizienten erleichtert diese Aufgabe und macht gleichzeitig eine normierte Darstellung von Ergebnissen und damit eine allgemeingültige Aussage und einen Vergleich der Bauformen möglich. An einem ausgeführten Beispiel wird die Auswirkung des geometrischen Aufbaus innerhalb der Bauform auf die Abweichung des Werkzeugs durchgeführt, sowie weitere Anwendungsmöglichkeiten der entwickelten Methode und der gewählten Darstellung aufgezeigt.

Als Ergebnis können sowohl dem Hersteller als auch dem Anwender von Fünfachsen-Maschinen Anhaltspunkte für Wahl und Einsatz von Fünfachsen-Maschinen zur Verfügung gestellt werden. Auch für die Konstruktion und Dimensionierung ergeben sich Hinweise. Die Kenntnis über die Wirkung einzelnen Bauteile und der geometrischen Anordnung der Maschinenachsen erleichtert dem Konstrukteur die Entscheidung über die Toleranzangaben dieser Bauteile und den Aufbau der Fünfachsen-Maschine. Die entwickelte Methode des direkten Lösungsweges liefert überdies eine praktikable Grundlage für die Überwachung der Abweichungen des Werkzeugs durch die numerische Steuerung, da die Fehler in den Positionen direkt mit den Sollwerten dieser Positionen verknüpft werden können.